イラスト
私たちと環境

太田和子
臼井宗一　著
山中冬彦

第2版

東京教学社

・・・・・・・・・・・・・・・・・・・・・・ **著者紹介**（五十音順）・・・・・・・・・・・・・・・・・・・・・・

臼_{うす}井_い宗_{そう}一_{いち}
　　岐阜女子大学・家政学部・健康栄養学科・獣医師

太_{おお}田_た和_{かず}子_こ
　　元 岐阜女子大学・家政学部・健康栄養学科・博士（農学）

山_{やま}中_{なか}冬_{ふゆ}彦_{ひこ}
　　元 岐阜女子大学・家政学部・生活科学科・博士（工学）

イラスト　梅本 昇

表紙デザイン　Othello

はしがき

　現在の地球環境は，46 億年の歴史の中で作られてきた．わずか数万年前に出現した私たち人間は，活動の広がりとともに自然環境を変化させてきた．特に産業革命以降，急速に科学技術を発達させ，高度の工業化社会を築き，私たちの生活は豊かで便利になった．しかし，自然破壊，環境汚染など，人間の諸活動が環境に与える影響はそれまでとは比べられないほど大きなものとなってきた．現在では地球温暖化，オゾン層の破壊，砂漠化など，人間活動の影響は地球規模に広がっている．環境問題は今後の人類の発展と生存に関わる重大な問題となっている．

　このような中で，環境問題に関する知識は，どんな分野で活躍するにも現代人に必須となっている．環境問題を解決していくためには，私たち 1 人ひとりが知識や関心を持って，身近にできることから行動していかなくてはならないと考える．本書は，大学・短大の教科書として執筆したが，社会人一般の環境問題についての入門書としても利用して欲しいと願っている．記述はできるだけ平易にし，イラストも多用して理解しやすいように工夫した．第 1 章では，環境の定義，地球環境の成り立ち，生態系，環境倫理などの環境問題の基本的な知識を取り上げた．第 2 章では，世界と日本の環境問題の歴史を振り返った．第 3 章では，衣食住をはじめとする私たちの身近な生活と関係する環境問題について取り上げた．さらに，管理栄養士国家試験の「環境と健康」分野を意識して，「物理的な生活環境と健康」の項を設けた．第 4 章では日本の環境問題を，第 5 章では地球規模の環境問題を取り上げた．第 1 章からの順を追っての講義だけでなく，章ごとに単独に利用できるように編集しているので，多様に利用していただきたい．

　本書を執筆するにあたり，多数の著書，政府刊行物，ホームページなどを参考にさせていただき，末尾に記載した．著者の皆様に深く感謝いたします．また，本書の出版にあたり，お世話になった東京教学社の鳥飼正樹氏，編集部の神谷純平氏はじめ皆様に，イラストレーターの梅本昇氏に厚くお礼申しあげます．

2015 年 4 月

太田 和子

第2版 はしがき

　初版の「イラスト わたしたちと環境」を出版してから8年が経った．年々環境問題は切実な問題となり，新しい問題も表出してきている．これまで，刷ごとにマイナーなデータの更新などは行ってきたが，この度，社会情勢の変化に合わせて内容も大幅に見直し，デザインも一新して2色刷りとなった第2版を出版することとなった．

　初版からの大きな改訂点は，第2章「環境問題の歴史」では，近年のSDGsに対する社会的な関心の高まりに合わせて，3節「国際的な取り組み」の中でSDGsについて取り上げ，付表にもSDGsについて詳しく載せた．第3章「私たちの生活と環境」では，近年，衣服と環境問題についてさまざまな社会的な動きが出てきたので，2節「衣生活と環境」を全面的に書き換えた．第4章「日本の環境問題」では，構成を変えて，1節に「日本の環境問題の変遷」を置き，そのあとに各論とした．また，「騒音」と「振動」，「放射性物質による環境汚染」と「日本のエネルギーのこれから」を別々の節に独立させた．第5章「地球規模の環境問題」では，2節「地球温暖化」でIPCC（気候変動に関する政府間パネル）の第6次評価報告書の知見や温暖化対策の部分を大幅に書き加えた．また，新たに「海洋プラスチックごみ」の節を設けた．そして，各章を通してデータを新しいものに改訂した．コラムもいくつか改訂した．

　これまで読者の方にいただいた貴重なご意見なども参考にさせていただいたので，今後ともご意見・ご批判をいただければ幸いです．

　改訂にあたってお世話になった東京教学社の鳥飼正樹氏，編集部の神谷純平氏はじめ皆様に，またイラストレーターの梅本昇氏と表紙をデザインしていただいたOthelloの大谷治之氏に厚くお礼申しあげます．

2023年3月

太田 和子

contents

第5章 地球規模の環境問題

第1章

人間と環境

　私たち人間の住む地球の環境は，46億年の年月をかけて形成された．地球に生命が生まれたのは，さまざまな偶然が重なった奇跡と言われている．地球の誕生から今日までを1年に例えると，人間が出現したのは，大晦日の23時30分を過ぎた頃にあたるそうだ．その新参者の人間が，地球環境を壊そうとしている．私たちは地球の一員として，世界全体のこと，将来世代への責任，他種の生物のことを考えていかなくてはならない．

　この章では，環境の定義と分類を学んだ後，地球環境の成り立ちについて勉強していく．そして，私たちを取り巻く生態系のしくみや人間のつくった環境についても学ぶ．さらに，人類の歴史の中で，環境とのかかわりが変化してきて環境問題が生まれた．この環境問題を私たちはどう考えていくべきなのか．次章以降の前置きでもある．

1 ▷ 環境とは

1 環境の定義

　「環境」という言葉は，古くは中国の元の時代の文献に見られ，「周囲の境界」という意味で使われていた．しかし，現在では，「主体を取り巻く周囲の事物や状態のこと」という意味で広く使われている．主体として生物や人間などいろいろなものが考えられる．また，取り巻く周囲を広く考えれば，すべてのものとなってしまうので，主体と相互に関係し合って直接・間接に影響を与える外界というように限定して考えられている（図1-1）．このような意味で使われるようになったのは大正期のことで，フランス語のmilieuや英語のenvironmentの訳語として使われるようになった．

図1-1　主体と環境

2 人間を取り巻く環境要因

　人間を取り巻く環境要因は，大きくは自然的環境と人為的環境に分けることができる．自然的環境要因は，光，水，大気，土壌などの無機的（物理的・化学的・地学的）環境要因と生物間の相互関係的な有機的（生物的）環境要因に分けることができる．また，人為的環境要因は，便宜的に社会的要因と文化的要因に分けることができる（表1-1）．

表1-1 人間を取り巻く環境要因

自然的環境	無機的環境要因 （物理的・化学的・地学的）	気候的要因	光：明るさ，受光量など 温度：気温変化など 水：降水量，湿度など 大気：酸素，二酸化炭素の濃度など
		土壌的要因	土壌：粒子の大きさ，含水量など 水界：塩分，pH など
	有機的環境要因 （生物的）	生物相互 関係的要因	同種の生物：生息密度，なわばりなど 異種の生物：食物連鎖など
人為的環境	社会的・文化的要因	社会的要因	政治：政治体制など 経済：貧困・富，福祉など 医療：医療機関，保健所など 病理的：犯罪，非行など
		文化的要因	教育：義務教育，高等教育など 文化：音楽，絵画など

2 ▷ 地球環境の成り立ち

1 地球の誕生

　百数十億年前にビッグバンが起こり，宇宙が誕生したといわれている．地球は太陽系とともに 46 億年前に誕生した．宇宙空間に漂うガスと固体の微粒子が集まって太陽系ができた．はじめは微惑星が多数できて，それらが衝突・合体をくり返して大きくなり地球ができた．そして，原始地球は，微惑星の衝突によるエネルギーで熱く溶かされ，マグマオーシャン（マグマの海）に覆われていたと考えられている．マグマオーシャンの中で，岩石から溶け出た鉄などの重い金属は中心部に移動し，核を形成した．月の形成については，地球形成期の末期に火星くらいの大きさの天体が地球と衝突し，月を作ったとする「ジャイアント・インパクト説」が有力である（図1-2）．

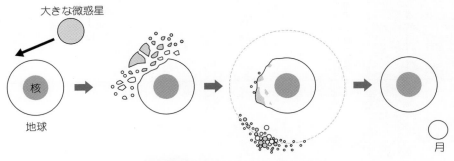

大きな微惑星

核

地球

月

図1-2 ジャイアント・インパクト説

マグマオーシャンができたときに，水蒸気や二酸化炭素などの気体成分が地表から放出され原始大気をつくったと考えられている．大気の上層では水蒸気が凝結し，雲ができ，雨が降っていたが，その雨は高温のため蒸発してしまい，地表まで届くことはなかった．45 億年前〜40 億年前に地球がだんだん冷えてくると，大気中の水蒸気が雨となり地表に降り注ぐようになり，原始の海ができた．原始大気は水蒸気と二酸化炭素で構成されていたが，水蒸気が雨となり地表へ降り注いで海洋となったので，二酸化炭素が大気の主成分となった．このころの二酸化炭素の大気圧は，10 気圧くらいであったと考えられている（図1-5参照）．

40 億年前〜38 億年前には，地球が冷えて，原始海洋に覆われることにより，地球の表層の岩石が剛体化してプレートになり，プレートテクトニクスが始まったと考えられている．プレートテクトニクス理論とは，地球表面は 10 数枚の硬い岩石層（プレート）で覆われていて，プレートは海嶺で生成され，マントル上を移動し，海溝に沈み込んでいくというものである．大陸移動や地震などのさまざまな地殻変動を説明することができる理論である．

表1-2 地球の誕生と生命の歴史

地質年代	冥王代	太古代		原生代		顕生代		
						古生代	中生代	新生代
億年前	46　　40	35　　　　27	25　21 19	10		5.4 4.8 4.3	2.5	1.5 0.65 0.04(20万)
地球の誕生から今日までを1年とすると	1月1日　2月17日	3月29日　　5月31日	6月16日　7月18日 8月3日	10月13日		11月18日 11月23日 11月27日	12月11日	12月19日 12月26日 12月31日
	太陽系・地球の誕生／ジャイアント・インパクト／マグマオーシャン／原始海洋の誕生／プレートテクトニクスの開始・大陸の形成	最古の岩石／生命の誕生／最古の原核生物化石／地球磁場の誕生／シアノバクテリアの出現／鉄鉱床の形成開始	真核生物の出現／初めての超大陸の出現	多細胞生物の出現		酸素の急増・硬骨格生物の出現／魚類の出現／オゾン層形成・生物陸上に進出／シダ植物の大森林	古生代と中生代境界の生物大量絶滅／恐竜の出現／鳥類出現	哺乳類・恐竜の絶滅／猿人出現／現人類出現

2 生命の誕生と進化

　現在見つけられている最古の生命の化石は 35 億年前のもので，地球上に生命が誕生したのは約 40 億年前と考えられている．生命の材料となるアミノ酸などの有機物は，隕石や彗星から発見されており，宇宙から供給されたと考えられる．また，地球の原始大気の組成から実験的につくり出されているので，原始地球でも簡単な有機物はつくり出されていたと考えられている．

　生命が誕生した場所は，かつては波打ち際の浅い海と考えられていたが，現在は熱水が海底から噴出する深海で誕生したという説が有力になっている．海水によって有害な宇宙からの放射線から守られ，海嶺の熱水からエネルギーを得ていたと考えられる．そして，化石から判断すると，35 億年前までにはかなり高度に進化した原核生物[*1]が出現したと考えられている．

　生命進化の上で重要なできごとは，27 億年前のシアノバクテリア（ラン藻）の出現である．シアノバクテリアは酸素発生型の光合成を行う原核生物のグループで，太古代末〜原生代には浅い海中のいたるところに広く分布していたと考えられる．シアノバクテリアが浅い海に進出できた要因として，28 億年前〜 27 億年前に地球磁場が誕生し，宇宙から降り注いでいた放射線が遮られたことがある．地球磁場発生の原因については，まだ諸説があり定説がない．

　27 億年前以降シアノバクテリアが大量の酸素を放出し，大気や海に酸素が増加した．酸素の出現によって，それまでの嫌気性生物[*2]から酸素を積極的に利用して酸素呼吸を行う生物が進化を遂げていった．また，海中に存在していた大量の還元鉄が酸素によって酸化・沈殿し，現在の縞状鉄鉱層が形成された．

　そして，21 億年前までに真核生物[*3]が登場したと考えられている．真核生物の誕生の過程については，細胞内共生説が有力な説である（図1-3）．これは，原核生物が別の原核生物に入り込んで真核生物ができたと考える説である．古細菌[*4]の祖先の細胞に酸素呼吸をする細菌が取り込まれてミトコンドリアになり，その一部にシアノバクテリアが取り込まれて葉緑体になり植物が生まれたと考えられている．真核生物では，遺伝情報を持つ DNA を核膜で包んで守る構造になった．

[*1] 原核生物　核膜を持たない簡単な構造の細胞を持った生物．大腸菌，シアノバクテリアなど．
[*2] 嫌気性生物　酸素がなくても生育できる生物．
[*3] 真核生物　核膜や各種の細胞小器官を持つ複雑な細胞を持った生物．菌類を除く大部分の生物．
[*4] 古細菌　細菌とは細胞膜成分などで区別される原核生物で，高熱・高塩濃度下など特殊な環境で生育するものが多い．真正細菌と真核生物の中間的な性質を持っている．

　10億年前になると多細胞生物が現れ，生物のサイズがだんだん大きくなっていった．大気中の酸素の蓄積が進み，4億3000万年前にオゾン層ができ，太陽からの短波長の紫外線が遮られることで，生物が陸上に進出できるようになった．4億年前にシダ植物が出現し，3億6000万年前〜3億年前には大陸の全域に広がり大森林を形成した．これらのシダ植物が広大な湿地に埋もれてできたのが，現在の石炭と考えられている．動物も節足動物の中から多様な昆虫が進化し，魚類から両生類，爬虫類，鳥類，哺乳類が進化してきた(図1-4)．そして，約400万年前〜700万年前に猿人が出現し，現人類（ホモ・サピエンス）は約20万年前〜50万年前に出現したと考えられている．

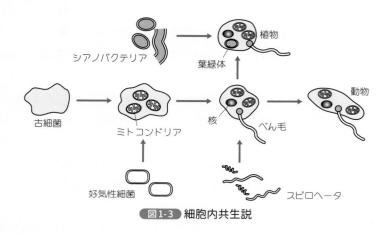

図1-3 細胞内共生説

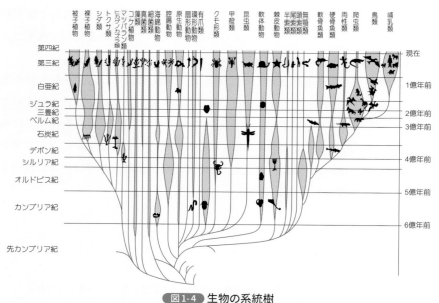

図1-4 生物の系統樹

資料）中村運「一般教養生物学の基礎」培風館，1984 より作成

3 大気の組成の変化

　地球ができたころの大気は水蒸気が多く，大気の高層で循環していた．45億年前〜40億年前に，この水蒸気が雨として降り注ぎ海ができると，大気中には二酸化炭素が最も多くなった．40億年前〜38億年前に海底に岩石ができ，岩石から海水にナトリウムイオンやカルシウムイオンが溶けだすようになった．やがて，二酸化炭素は海水中のカルシウムイオンと反応して炭酸カルシウムになり，大気から減少していった．その結果，残された窒素が大気の主成分となっていった（**図1-5**）.

　27億年前のシアノバクテリアの大量出現により海中から酸素が大気中に放出され，大気中の酸素が増加していった．酸素は光合成により有機物が合成されるときに産生され，有機物が分解されるときには消費される．しかし，有機物が堆積岩の中に閉じ込められるなどで分解されないと酸素が消費されず大量に大気中に残ることとなる．このようなことで5〜4億年前に大気中の酸素量が増加したと考えられている．その結果，オゾン層ができ，陸上に生物が進出して，陸上植物の繁茂によりさらに酸素が増加して現在のレベルになったと考えられている（**表1-3・図1-6**）.

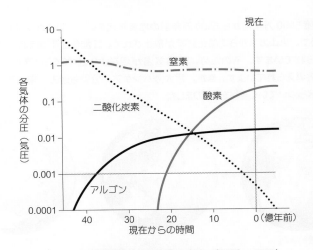

図1-5 大気組成の変化 （田近，1995）

資料）丸山茂徳・磯﨑行雄「生命と地球の歴史」岩波書店，1998 より作成

表1-3 現在の地表付近の大気の組成

成　分	体積比（%）
窒　素	78
酸　素	21
アルゴン	0.9
二酸化炭素	0.04

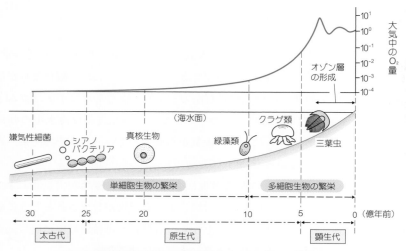

図1-6 地質時代の地球上の酸素量と生物

column

恐竜の時代

　中生代とは2億5000万年前から6500万年前の地質年代をいい，恐竜が活躍していた時代です．火山活動が活発で，火山ガスから二酸化炭素が放出されて，二酸化炭素濃度は，現在の4倍くらいであったと考えられています．そのため，平均気温が現在より10 ℃くらい高く，北極や南極にも氷床がなかったと考えられています．また，超大陸パンゲアの分裂も進み，南半球の大陸は分裂し，北半球の大陸にくっついていく過程をたどりました．

　中生代は二酸化炭素濃度が高かったことで，植物プランクトンが大量に生育しました．そして，極地が暖かかったため，海水が冷やされて起こる海の対流がなくなり，深海が酸素不足になったと考えられています．そのため，海底に沈んだプランクトンが分解されず，大陸衝突の際の地層に閉じ込められて，現在の石油の元になったという説が有力です．

　地上では，乾燥地域が多くなり，生物も乾燥に適応していきました．植物では，シダ植物に代わって裸子植物が繁殖し，動物では，両生類から爬虫類が進化して，恐竜をはじめとする爬虫類の全盛期となりました．6500万年前に突然，恐竜の大絶滅が起こり，中生代は終わりを告げました．この原因としては，巨大隕石衝突説が有力です．北アメリカ大陸ユカタン半島に直径10 kmくらいの巨大隕石が衝突し，衝撃波や巨大津波が地表全体に影響を及ぼしたと考えられています．巻き上げられた大量の粉塵が1年以上地球全体を覆い，植物の光合成機能の低下や気温の低下が起こり，恐竜の絶滅を引き起こしたと考えられています．

3 ▷ 生物と環境

1 生態系

　一定の地域で生活している生物の同じ「種」の個体の集まりを個体群という．生物は1種類の個体群だけで生活していることはなく，いろいろな個体群が，影響を及ぼし合いながら生活している．ある空間に生活するいろいろな個体群全体をまとめて生物群集という．これらの生物群集とそれをとりまく無機的な環境は，物質交代やエネルギー交代を通して，相互に影響し合っている．密接に関係する両者を1つのまとまりとしてとらえたものを生態系（エコシステム）という．生態系においては，動物が植物を食べ，その動物の排泄物をミミズ・細菌などが分解するというような生物同士の関係性がある．また，植物は無機的環境の光や二酸化炭素を用いて光合成を行っている．さらに，植物，動物，細菌などは，熱や二酸化炭素，硝酸塩などを大気や土壌に放出している．このように，生物と無機的環境は密接なつながりを持って1つのまとまりをつくっている．そして，物質やエネルギーの循環が見られる（**図1-4**）．

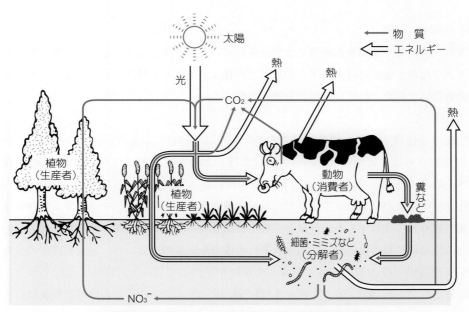

図1-7 生態系におけるエネルギーの流れと物質の循環

引用）藤城敏幸「生活と環境」東京教学社

② 生態系の構造

　生態系の構造を理解するためには，生物集団を生産者・消費者・分解者という3つのグループに分けて考えるとよい．

（1）生産者

　主に光合成によって有機物を生産する緑色植物（藻類も含む）を指す．光エネルギーを使い，二酸化炭素，水などの無機物から有機物を合成する．生産者が光合成によって生産する有機物は，多くの生物に利用され，からだの構成要素になったり，エネルギー源になったりする．

（2）消費者

　生産者が生産した有機物を直接あるいは間接に栄養源として生活している生物で，主に動物を指す．消費者のうち，直接生産者を食べる草食動物を第1次消費者，これを食べるものを第2次消費者，さらにこれを食べるものを第3次消費者という（図1-8）．さらに第4次，第5次というように増えていく場合もある．

（3）分解者

　生物の排出物や遺体を無機物にまで分解していく働きをしている細菌，菌類，原生動物，ミミズなどの土壌生物群を指す．消費者と同様に生産者を栄養源としているが，枯死植物や動物遺体を起点としている腐食食物網をつくる．

　生態系を構成する各生物の関係で重要なものは，捕食による直接的なつながりである食物連鎖である．実際には，ある生物は2種以上の生物を食べたり，2種以上の生物に食べられたりして，その関係は複雑な網目状になっているので，食物網とも呼ばれる．食物連鎖の最初の位置には生産者である緑色植物がくる．食物連鎖を構成する生物群集の栄養の摂り方に注目すると，生産者，第1次消費者，第2次消費者，第3次消費者，・・・などの段階に整理されるが，このそれぞれの段階を栄養段階という．各栄養段階の生物量は栄養段階が下位の者ほど多くなり，生産者を下にして積み上げていくと，ピラミッドのような形になる（図1-9）．これを生態ピラミッドと呼んでいる．上の段階の生物は，下の段階の生物を全部食べつくしては自分の生存が維持できなくなるから，全部は捕食しない．したがって，栄養段階の上になるほど生物量は少なくなる．

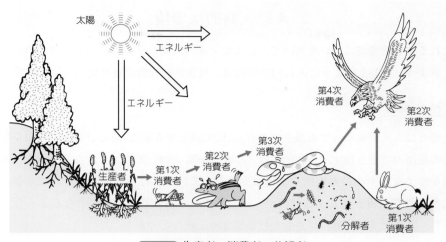

図1-8 生産者・消費者・分解者

引用）藤城敏幸「生活と環境」東京教学社

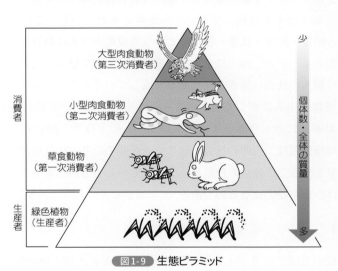

図1-9 生態ピラミッド

3 生態系の平衡

　安定した生態系では，一時的，部分的には，それぞれの個体群の個体数や生物群集の構成には変動が見られるが，全体としては平衡が保たれている．例えば，ある年に降水量が多くて，植物が繁茂すると，それを食べる草食動物が増える．そして，その草食動物を食べる肉食動物が増加する．すると，草食動物が食べられて減ってしまい，もとに戻る．このようなことがくり返され，それぞれの個体群の個体数は一定に保たれていく．生態系の平衡は，生物の多様性とその生物間の相互作用の多様性，そして無機的環境の安定性によって保たれている．しかし，近年人間の諸活動の拡大によって，生態系は大きな影響を受け，バランスが崩されてきている．

4 ▷ 人為的な環境

これまで自然環境について述べてきたので，次に人間の作る人為的な環境について注目してみよう．**表1-1**のように人為的な環境は，便宜的に社会環境と文化環境に分類できる．

1 社会環境

社会とは人々が集まって組織をつくり，共同生活をする集団，あるいはその集団を集めた全体の集団のことを指す．具体的には，家族，村落，国家，政党，会社などである．人間は，社会をつくり，その社会集団を基礎に生活をしている．社会環境というのは，その社会の大多数の構成員が共有する特性や，社会構成員の相互行為の基準となるような共通のきまり，さらに，長い間に定着した社会制度や伝統などである．

社会学では，社会と個人の関係について，個人が先か社会が先かという議論が長年されてきている．社会にウェイトを置く考え方では，社会の価値基準や規範・制度が個人のうちに内面化され，個人はそれに従って行動すると考えられている．この考え方では，その社会に存在する慣習・道徳・法律・伝統などの社会規範が個人に影響を与える社会環境として重視されている．一方，個人にウェイトを置く考え方では，社会は完結した実体ではなく，主体的な個人が社会に働きかけ社会を形成していくと考えられている．この考え方では，社会環境は本来人間がつくるものであるから，それに一方的に規定されるだけでなく，それを計画的につくり改革する人間の側からの主体的，能動的な働きかけが重視されている．環境問題は，人間の社会が起こした問題であり，社会環境と深くかかわっている．その背景を分析し，社会の仕組みを改善していく努力が必要である．そのためには，個人の働きかけが重要な力になるのである．

2 文化環境

文化とは，狭い意味では哲学・芸術・科学・宗教などの人間の精神的な活動を指すが，より広い意味では人間の生活様式の全体を指し，それぞれの民族・地域・社会に固有の文化があり，学習によって伝習されるとともに，相互の交流によって発展してきたものととらえることができる．人間を取り巻く文化の全体を文化環境という．道徳，宗教，政治などは前出の社会環境とも重複しており，明確に社会環境と文化環境は区別できるものではない．社会集団に固有の社会環境の1つとして文化を見る考え方もある．

人類の文化的活動によって生み出された建築物，美術品，音楽などの有形・無形の文化的所産の中で，学術上，歴史上，芸術上の価値が高く後世に残すために保存などの措置が取られるべきものを文化遺産あるいは文化財という．世界的には，1972年にユネスコ（国際連合教育科学文化機関）で採択された世界遺産条約に基づき登録される世界遺産が有名である．世界遺産には，自然遺産，文化遺産，複合遺産がある．日本で世界遺産に登録さ

れている文化遺産は，法隆寺，姫路城，原爆ドーム，富岡製糸場，百舌鳥・古市古墳群など20件（2021年）である．

　しかし，人間の作り出した文化も自然環境と深い結びつきを持っている．例えば，地域の建築や衣文化は，その地域の気候の影響を受けていることが多い．また，その地域の植物や動物は食文化に影響を与えている．

図1-10 姫路城と富岡製糸場

5 ▷ 環境問題

　人間の祖先の猿人が出現したのは約 400 万年前〜 700 万年前，現人類のホモ・サピエンスが出現したのは約 20 万年前〜 50 万年前といわれている．この時期から農耕牧畜時代までは，人間は採集・狩猟生活をして，他の動物と同じく自然生態系の一部として暮らしていた（図1-11(a)）．人口密度は小さく，自然環境への影響は小さかった．人間の歴史の中ではこの時代が数 10 万年続き，最も長い期間であった．

　地球上の多くの地域で農業が定着していったのは，約 1 万年前〜 5000 年前といわれている．農耕牧畜時代は農作物を栽培し，家畜を飼育して，有機的環境要因をコントロールするようになった．また，無機的環境にも働きかけた．土地の一部を農耕地に変え，肥料を与え，灌漑施設や運河などをつくって水をコントロールするようになった．生産力向上により，人口が増加していった．しかし，木材を得るために森林伐採が行われ，古代文明の起こった地域では，このころからすでに砂漠化が始まったといわれている（図1-11(b)）．

　人間が環境にさらに大きな影響を与えるようになったのは 18 〜 19 世紀の産業革命以降である．農耕地や畜産のための人工草地が増加し，工業の発展と共に都市ができた．化学肥料や農薬も作られ，農畜産物の収穫は飛躍的に増加し，その結果人口が急激に増加した．そして，野生生物や森林は減少してしまった．工業の発展は廃棄物や化学物質による大気・水・土壌の汚染を引き起こした（図1-11(c)）．

　このように文明が発達し，人間の活動が盛んになるにつれ，まわりの自然環境に与える影響も大きくなってきた．環境に悪影響を与えることを環境負荷といい，現代は人間の活動により，自然に大きな環境負荷がかかっている．これによって発生するさまざまな問題が環境問題である．

column

エコロジカル・フットプリント

　環境負荷を数値化したものの1つ．「人間活動が地球環境を踏みつけにした足跡」という意味です．私たちが消費する資源を生産したり，社会経済活動から発生する CO_2 を吸収したりするのに必要な生態系サービスの需要量を地球の面積で表した指標です．例えば，あるエコロジカル・フットプリントでは，① 化石燃料の消費によって排出される二酸化炭素を吸収するために必要な森林面積，② 道路，建築物などに使われる土地面積，③ 食糧の生産に必要な土地面積，④ 紙，木材などの生産に必要な土地面積，を合計した値として計算します．この場合，アメリカで人間 1 人が必要とする生産可能な土地面積は 5.1 ha，カナダ 4.3 ha，日本 2.3 ha，インド 0.4 ha，世界平均 1.8 ha となり，先進国の資源の過剰消費の実態を示しています．世界のエコロジカル・フットプリントは年々増加し，1970 年代前半に地球が生産・吸収できる生態系サービスの供給量（バイオキャパシティ）を超えてしまい，2022 年の時点で世界全体のエコロジカル・フットプリントは地球 1.75 個分に相当します．

(a)原始時代

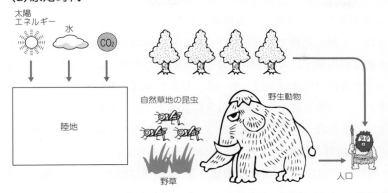

(b)農耕牧畜時代

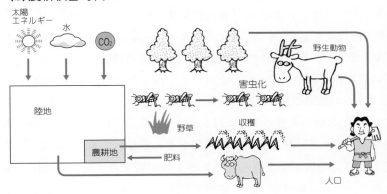

(c)現代

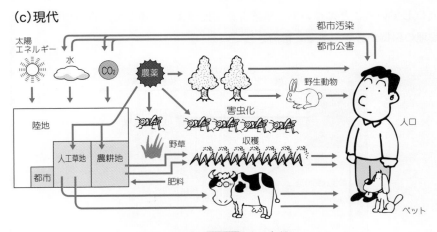

図1-11 人と自然

引用）藤城敏幸「生活と環境」東京教学社

6 ▷ 環境倫理

　環境倫理（学）は応用倫理の一分野で，1970年代以降アメリカを中心に始まった学問領域である．倫理とは，人間が社会で生活していくための共通の普遍的，自律的なルールのことである．古典的な倫理学では人間を中心に考えていたものを，応用倫理学では複雑な現代社会のさまざまな分野での課題を扱っている．環境倫理は，地球規模での環境問題に対して倫理的に考察し，行動規範となる考え方を提供しようとするものである．

　環境倫理の対象とするものは，自然と人間，そして，そのかかわりの中での人間の行為である．これまでの環境倫理の議論は，大きく3つにまとめることができるといわれている．それは，① 地球の有限性，② 世代間倫理，③ 生物種保護の3つの主張である．「地球の有限性」の理論とは，「宇宙船地球号」という言葉に象徴されるように，地球の資源や環境容量は有限であり，世界的視野でこの有限な地球環境を守ることを優先していかなくてはならないという考え方である．「世代間倫理」というのは，現在の世代には未来の世代の生存条件を保証する責任があるという考え方である．現在の世代は，資源を枯渇させ，環境汚染を深刻化して，未来の世代に影響を与える可能性がある．私たちは，未来の世代の生活の質を損なわないように心がけなくてはならない．「生物種保護」の論議は，「自然の生存権」の論議ともいわれている．人間だけでなく，自然にも生存権があるという考え方である．3つの主張の中では最も古くから論議されている．自然とは，木や動物という生物だけでなく，生態系全体の権利を考える方向で議論が進んできた．環境倫理は，空間的，時間的広がりを持ち地球レベルの問題を考えている（図1-12）．1989年に開催されたヨーロッパ共同体（EC）専門家会議では，環境倫理の重要性が指摘された．特に，先進国における大量生産・消費活動が開発途上国の環境や地球環境に対して悪影響を及ぼしていることについて，事業者や国民がよく考慮して，自らの行動を考え直す環境倫理の保持が必要であると指摘されている．

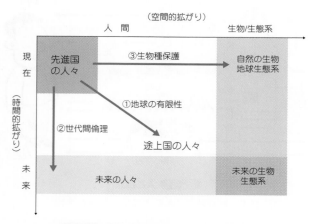

図1-12 環境倫理「3つの主張」の構成

資料）近畿化学協会化学教育研究会「環境倫理入門」化学同人，2012より作成

紀元前にも森林破壊があった

　花粉分析により文明と環境の関係を研究した安田喜憲は「環境考古学」という新しい学問分野を
つくりました．彼の著書「森林の荒廃と文明の盛衰」には，トルコ南西部のアナトリア高原での花粉
分析から，古代文明における森林破壊を明らかにしたことが書かれています．

　トルコのアナトリア高原は，古代メソポタミヤ文明からギリシャエーゲ文明へ展開する途中に位置し，
紀元前1800年ごろヒッタイト王国ができたことで知られています．安田らはこのアナトリア高原にある
チブリル湿原の地層中の花粉分析を行いました．ボーリングで約3.3mの地層を採取しました．この
地層は，放射性炭素による年代測定から，約4200年分に当たることが分かりました．

　底の方の4000年前より昔の地層では，落葉ナラ類やマツ類の樹木花粉が多く見つかりました．
ところが，4000年ほど前からナラ類の花粉が減少し，草本の花粉が増加しました．やがて，オリーブや
小麦型イネ科の花粉や牧草の花粉が増えたことから，小麦などの畑作とオリーブ栽培に家畜を伴った
農耕が導入されたことが推察されました．樹木花粉はだんだん減少し，2700〜2000年前には，
花粉の量からに森林が約5分の1に減少したと考えられました．この間，水生植物花粉の種類から，
湿原になる前の湖の水位は高かったことがわかりました．しかし，2000年前からは，泥炭が堆積し，
湖の水位が低くなり湿地になってしまったことがわかりました．この原因として，気候の乾燥化が考え
られますが，それ以外にも，森林破壊の結果土壌浸食が増大し，湖を埋めてしまったのではないか
と述べられています．森林をつくっていたナラの木は船をつくるために伐採されたのではないかと考え
られています．

　さらに，2000年前以降は，草本花粉が減少し，樹木花粉が増加していることから，人間がこの
土地を離れてしまったと考えられます．湿地環境になり，マラリア蚊が増加し，マラリアを避けるために
人々がもっと高地に移り住んだのではないかと推察しています．このように，農耕がはじまったばかり
の古代文明においても，すでに森林破壊による環境問題が生じていました．

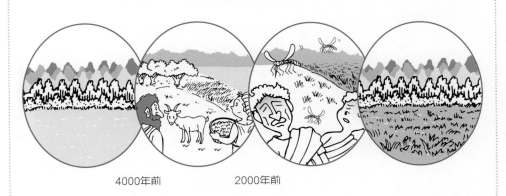

4000年前　　　　　2000年前

第 2 章
環境問題の歴史

　「真の文明は山を荒さず，川を荒さず，村を破らず，人を殺さざるべし」という言葉を残した田中正造は，日本の公害の原点といわれる足尾銅山鉱毒事件の解決のために尽力した人である．近代に入り，環境汚染問題は，多くの被害者を生んだ．国の発展のために被害者が軽視されてきた中で，多くの人たちが声をあげてきたことで，環境保全の重要性が社会に認識されていった．私たちは過去に学んで，同じ不幸を繰り返してはならない．

　この章では，このような日本の公害の歴史を含め，日本と世界の環境問題の歴史を学ぶ．そして，環境問題が認識されるようになってからの，地球環境問題に対する国際的な取り組みについて概観していく．1980 年代に提出された「持続可能な開発」の考え方から，現在の「持続可能な開発目標（SDGs）」について学んでみよう．

1 ▷ 環境問題のはじまり

　人間が農耕を始めるようになってから，森林伐採などの自然破壊の歴史は始まった．20世紀に入ると，人間は急速に科学技術を発達させ，高度の工業化社会を築き，人間の諸活動が環境に与える影響はそれまでとは比べられないほど大きなものとなった．過度に自然を利用するだけでなく，自然環境の中にさまざまな人工物質や廃棄物を排出するようになった．その結果，環境汚染が進むこととなった．

　近代に入ってからの環境汚染問題は，産業革命の始まりとともにイギリスで起こった．ロンドンでは冬の寒い時期に暖房用に石炭を燃やしていた．この時に出る煙が元になってロンドン型スモッグと呼ばれる霧が発生した．1952年12月にロンドンは濃いスモッグに覆われた．大気汚染物質の二酸化硫黄（SO_2）が滞留して，呼吸困難，チアノーゼ[*1]，発熱などの症状を起こす人々が多発した．この期間を含めた数週間で死亡した人は1万人以上にのぼり，多くは呼吸器病や心臓病であった．このようなロンドン型スモッグは，19世紀の半ば頃から見られ，約100年の間に，主なものだけで10件ほどの大きな事件が知られている．

　また，1920年代にはカナダのトレイル溶鉱所から排出された二酸化硫黄が，アメリカのワシントン州に被害を与えて国際問題となっていた．1940年代よりアメリカのロサンゼルスでは，光化学スモッグが発生して，人々に呼吸器障害や目への刺激などの被害を与えた．また，北ヨーロッパでは1950年代から酸性雨（5.4参照）の被害が出始めていた．

　このように工業化に伴って環境汚染が進行していった一方で，環境問題への関心も高まっていった．自然保護の分野では，1948年に，自然環境の保全，自然資源の持続的な利用を目的として国際自然保護連合（IUCN）が設立された．

　1962年には，アメリカのレイチェル・カーソンが「沈黙の春」を出版し，化学農薬の大量使用に警告を発した．この本は，化学物質による野生生物や自然生態系への影響，人間の体内での濃縮，次世代に与える影響などに警鐘を鳴らし，世界に衝撃を与えた．当初，化学業界や農薬協会などから激しい非難や攻撃を受けたが，本書をきっかけにアメリカ政府が有機塩素系農薬であるDDTを全面禁止するなど，化学物質規制を大きく転換させる契機となった．

図2-1 レイチェル・カーソン女史の写真

[*1] チアノーゼ　血液中の酸素不足が原因で，くちびるや指先などの皮膚が青っぽく変色すること．

2 ▷ 日本の公害問題

　環境基本法では，公害を「環境の保全上の支障のうち，事業活動その他の人の活動に伴って生ずる相当範囲にわたる大気の汚染，水質の汚濁，土壌の汚染，騒音，振動，地盤の沈下及び悪臭によって，人の健康又は生活環境に係る被害が生ずることをいう」と限定的に定義している．日本では，明治期や戦後，工業化が急激に押し進められたので，環境破壊が激化した．そして，人間の健康や生活に害をなすようになったのが公害問題である．

1 明治期の鉱業による公害

　明治期の日本は欧米列強に追いつこうと富国強兵・殖産興業の掛け声の下，近代工業を発展させようとしていた．それに伴い鉱山の開発や金属精錬が盛んに行われた．明治期に起こった足尾銅山鉱毒事件は，被害範囲が広域にわたり，日本の公害の原点と呼ばれている．

　栃木県の足尾銅山は江戸時代から採掘が行われていたが，江戸末期には産出量が少なくなっていた．明治に入って，いったん国有化された後，古河鉱業に払い下げになり，1877年より操業を始めた．古河鉱業は鉱山の近代化に努め，1885年には大鉱脈を発見し，日本最大の銅山となった．地下に埋蔵されている銅鉱石は，硫黄と結合した化合物として存在することが多く，これを精錬する過程で，二酸化硫黄が排出される．この二酸化硫黄による煙害と，坑木を得るための山林伐採で周辺はハゲ山となってしまった．そのため，大雨が降ると足尾町を流れる渡良瀬川は大洪水となった．そして，川には鉱山からの銅化合物などの有害物質（鉱毒）が流れ込み，下流の漁業や農業，人々の健康に被害をもたらした．

　栃木選出の衆議院議員であった田中正造は，渡良瀬川沿いの人々を救うため帝国議会で鉱山の操業停止を繰り返し訴えた．被害を受けた農民たちも抗議行動を行った．しかし，国の政策には改善が見られなかった．1901年，田中正造は議員を辞職し天皇に直訴した．途中で警官に取り押さえられ捕まってしまうが，世論が盛り上がり，政府は調査委員会を設置した．その結果，洪水の被害を減少させるため渡良瀬遊水地がつくられることになる．

　遊水地がつくられたのは反対運動の中心地だった谷中村で，強制的に廃村にさせられた．渡良瀬川の大工事による洪水の減少などで反対運動は下火になったが，鉱毒の被害は戦後まで続いた．1973年に銅の産出量が減少し閉山になっている．

　明治期は，国の発展のための産業育成が重視されるなかで，環境破壊や住民への被害が軽視されるという時代であった．

2 戦後復興期の公害

　日本は第二次世界大戦で生活や経済に大きな打撃を受け，戦後その復興に努力した．1956年は日本の工業生産力が戦前のレベルにまで復活した年であったが，同時に水俣病の発見された年でもあった．その後，この水俣病を含め新潟水俣病，イタイイタイ病，四日市ぜんそくの四大公害事件などの公害が問題化した．その背景には，排出物の環境への影響を考えていなかった企業，そして戦前と同様に生産力の増強や経済発展が第一であった政府という構造があった．主な公害事件の概要を紹介する．

（1）水俣病・新潟水俣病

　1953年ごろより，熊本県水俣湾の沿岸地域でネコの狂死や原因不明の中枢神経疾患の患者が発生し，1956年には同様の症状の患者が集団で見つかり，医師より水俣保健所に届け出があった．同年に原因追求のため熊本大学医学部に水俣病医学研究班が発足し，1959年にはメチル水銀が原因であることをつきとめて発表した．

　これは新日本窒素肥料（1965年よりチッソ）水俣工場でアセトアルデヒドを合成する工程で使用された水銀が無処理で排水され，水俣湾の魚介類に取り込まれ，これを毎日食べていた住民が有機水銀（メチル水銀）の中毒にかかったのである．メチル水銀は，中枢神経を侵し，知覚障害・視野狭窄・運動失調・聴力障害・言語障害・企図振戦（何かしようとすると震える）という各種の障害を起こし，重症だと死に至る．

　1959年に魚が売れず，困窮していた漁民たちの暴動事件がおこり，世間に水俣病が知られるようになった．ところが，その後加害企業，政府，学会，工業界などは，この原因を否定して，事件の幕引きを図った．水俣市はこの企業の発展で経済が成り立っていたために，多くの住民たちも事件を鎮静化させようとした．

　しかし，1965年新潟県阿賀野川流域で水俣病と同じような症状の患者が発病し，新日本窒素肥料水俣工場と同じ工程でアセトアルデヒドを合成していた昭和電工の工場が原因と分かり，新潟の患者は1967年に訴訟を起こした．この訴訟は全国の公害被害者運動に大きな刺激を与え，公害を問題にする世論を盛り上げた．1968年に政府はやっと水俣病の因果関係を認めて公害病であることを宣言した．

図2-2　5歳のとき発病「生ける人形」といわれた重症小児性患者（撮影桑原史成 1962年）

図2-3　チッソ水俣工場正門前に座り込む自主交渉派患者グループ（撮影塩田武史 1971年）

いずれも出典）水俣フォーラム「水俣展総合パンフレット」1999年

　1969 年に熊本でも第一次訴訟が起こされた．しかし，その後も患者の補償問題，病気の認定基準などで問題は続き，現在でも水俣病に関する裁判が行われている．当時は低く見積もられていた患者数も，現在になって不知火海全体にわたる数万人の大規模なものだったことが分かってきている．

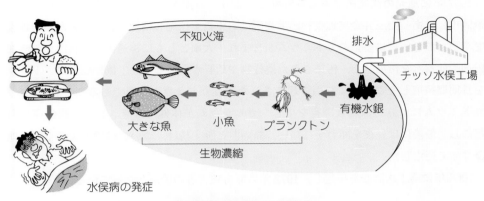

不知火海　排水

チッソ水俣工場

有機水銀

大きな魚　小魚　プランクトン

生物濃縮

水俣病の発症

 水俣病の発生原因

水銀に関する水俣条約

　2017 年 8 月 16 日に国際的な水銀の管理に関する条約「水銀に関する水俣条約」（Minamata Convention on Mercury）が発効しました．

　水俣病の原因となった水銀は，自然の中に存在する物質です．私たちは水銀を体温計，蛍光灯，電池，水酸化ナトリウムなどの製造過程や金の精錬などで利用しています．工業化の進む中で，工場排水による汚染や小規模金精錬での汚染が問題になっています．さらに石炭火力発電所での微量な水銀による大気汚染も懸念されています．

　このような中，2001 年に国連環境計画（UNEP）は，地球規模の水銀汚染に係る活動を開始し，2002 年には，人への影響や汚染実態をまとめた報告書「世界水銀アセスメント」を公表し，地球規模の水銀汚染対策に取り組む必要性を指摘しました．そして，2009 年の UNEP 管理理事会で，国際的な水銀の管理に関して法的拘束力のある文書を制定することが合意されました．2013 年 1 月にジュネーブ（スイス）で開催された政府間交渉委員会において，条約の条文案が合意され，条約の名称が「水銀に関する水俣条約」に決定されました．

　2013 年 10 月 7 日から 11 日まで，熊本市および水俣市で水銀に関する水俣条約の外交会議およびその準備会合が開催され，60 ヵ国以上の閣僚級を含む 139 ヵ国・地域の政府関係者の他，国際機関，NGO など，1,000 人以上が出席しました．そして，10 月 10 日に全会一致で採択されました．2017 年 5 月 18 日付けで締約国が日本を含めて 50 ヵ国に達し，8 月 16 日に発効しました．2021 年には 137 ヵ国（欧州連合を含む）が締約国となっています．

　水銀条約は，先進国と途上国が協力して，水銀の供給，使用，排出，廃棄などの各段階で総合的な対策を世界的に取り組むことにより，水銀の人為的な排出を削減し，越境汚染をはじめとする地球的規模の水銀汚染の防止を目指すものです．

（2）イタイイタイ病

　富山県の神通川流域の婦中町（現富山市）周辺を中心に起こった病気で，発生は 1910 年代にさかのぼる．原因がわからず風土病と考えられていたが，戦後原因究明が行われ公害病であることが明らかになった．

　1957 年に地元の開業医である萩野昇らにより，原因が究明された．岐阜県神岡町（現飛騨市）にあった三井金属鉱業神岡鉱業所は，亜鉛を採掘し精錬を行っていた．精錬後の廃棄物（鉱さい）に多量のカドミウムが含まれ，大雨とともに神通川に流れ出て下流部の田畑や飲料水を汚染した．汚染された農作物や飲料水を通じて，下流部住民がカドミウムを長期間摂取したことにより引き起こされた慢性カドミウム中毒であることがわかった．カドミウムにより腎尿細管障害を生じ，カルシウムが体外に排泄されて骨軟化症を引き起こし，最後には昼夜を問わず「痛い，痛い」と訴え続け，ついには栄養失調やその他の合併症で死亡した．

　1968 年に第 1 次訴訟を提起し，1972 年に原告被害者の勝訴となっている．

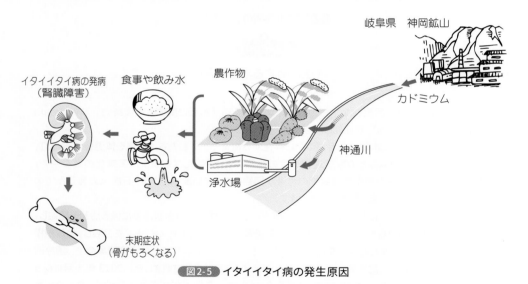

　図2-5　イタイイタイ病の発生原因

（3）四日市公害

　三重県四日市市では，1960 年頃に政府・自治体・企業が一体となり石油化学コンビナートを稼動させた．このコンビナートでの石油の燃焼により大気中に汚染物質（主として硫黄酸化物）が排出され，せきが出る，痰が出る，あるいは激しいぜんそく症状を訴える人が多発した．ぜんそくで子どもたちが亡くなったり，症状の辛さなどから自殺する人も出て深刻な問題となった．

　1967 年に患者がコンビナート 6 社を相手に提訴し，1972 年に津地方裁判所は被告 6 社の共同不法行為を認め，賠償を命じた．

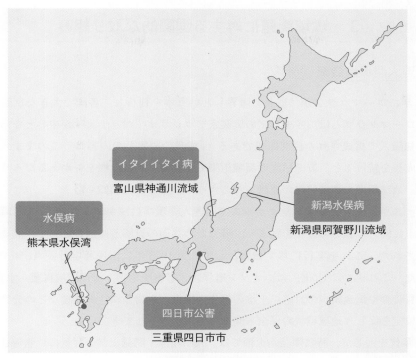

イタイイタイ病
富山県神通川流域

新潟水俣病
新潟県阿賀野川流域

水俣病
熊本県水俣湾

四日市公害
三重県四日市市

図2-6 四大公害事件

3 公害対策

　1950 ～ 1960 年代に公害問題が次々と起こり，公害反対の住民運動や世論を背景に，1967 年に「公害対策基本法」が制定された．しかし，この法律には，はじめ公害対策の策定にあたっては経済と調和させるという条項があった．その後，公害対策に対する世論の盛り上がりで，1970 年に経済との調和条項は削除された．「公害対策基本法」は国民の健康で文化的な生活を確保するうえにおいて公害の防止がきわめて重要であることを明確化し，公害の定義や国・地方公共団体・事業者の責務が決められ，行政目標となる環境基準も定められた（4.1 参照）．

　1970 年は「公害国会」といわれる臨時国会で，集中的に公害対策が審議され，公害関係の 14 法案が成立した．1971 年には環境庁（2001 年には環境省）がつくられた．また，1973 年に公害健康被害補償法が制定された．

　日本では，このように公害問題を経て，環境保全に対する意識が芽生え，行政上の対策につながっていった．私たちも過去の歴史から学び，同じような過ちを繰り返さないようにしなくてはならない．

・・・・・・ 3 ▷ 環境問題に対する国際的な取り組み ・・・・・・

1 国連人間環境会議

1972 年にローマクラブが「成長の限界」という本を刊行し，各国で大きな反響を起こした．ローマクラブとは，イタリアの実業家アウレリオ・ペッチェイが中心となって世界各国の知識人で構成された民間組織である．「成長の限界」の内容は，このまま人口増加や経済成長を続けると，資源枯渇や環境汚染で 100 年以内に危機をむかえるだろうというもので，地球規模の環境問題が認識されるきっかけとなった(図2‐7)．

同年，スウェーデンのストックホルムで国連人間環境会議が開かれた．「人間環境の保全と向上に関し，世界の人々を励まし，導くため共通の見解と原則」として人間環境宣言が採択された．これを実行に移す機関として，翌 1973 年に国連環境計画（UNEP）が設立された．これまでに UNEP は，オゾン層保護，有害廃棄物，海洋環境保護，水質保全，化学物質管理や重金属への対応，土壌の劣化の阻止，生物多様性の保護などの分野で調査や条約策定を促し，地球環境の保全・向上の実現に寄与してきている．

1970 年代を通じて，特に開発途上国では，人口増加，開発などを背景に，熱帯林の減少，砂漠化（5.5 参照）などの土壌悪化，野生生物種の減少（5.3 参照）などの問題が深刻化した．また，工業化や人口の都市集中が著しい地域を中心に大気汚染，水質汚濁などの先進国型の公害問題が顕在化するようになった．

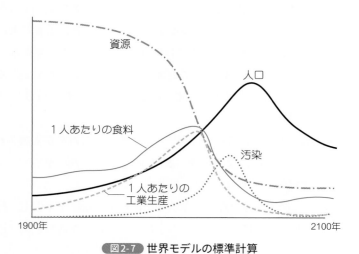

図2-7 世界モデルの標準計算

資料）ドネラ・H・メドウズ「成長の限界」ダイヤモンド社，1972 より作成

2 持続可能な開発

　環境と開発に関する考え方について，1970年代は環境と開発が対立的に考えられていたが，1980年代に入り環境は経済・社会の発展の基盤であり，環境を損なうことなく開発することが持続的な発展につながるというとらえ方へと進展した．1984年国連に設置された「環境と開発に関する世界委員会（ブルントラン委員会）」で4年間の議論を通し最終報告書が出され，持続可能な開発（Sustainable development）の概念が出された（図2-8）.

　この概念は「将来の世代の欲求を満たしつつ，現在の世代の欲求も満足させるような関係」と定義され，現在ばかりでなく将来の人々が満足して暮らせるように，自然環境の保全に配慮し，社会的な公正を実現していくことを重視した開発ということである．

　一方，地球温暖化（5.2参照）やオゾン層の破壊（5.1参照）の問題に対しても，1980年に出された米国政府の「2000年の地球」報告などを契機に急速に関心が高まり，砂漠化や熱帯林の減少の問題などに加え，地球規模の環境問題として認識されるようになった．

　また，1982年にイタリアのセベソで農薬工場の爆発事故が起こり，ダイオキシン類が飛散して周辺で被害が発生した．また，大量の土壌が汚染された．この汚染土壌を詰めたドラム缶がフランスで見つかり，国際的な問題となった．その後も有害廃棄物が先進国から発展途上国に運ばれ，放置されて環境汚染が生じ，最終的な責任の所在も不明確であるという問題が顕在化した．そこで，1989年にスイスのバーゼルにおいて，一定の有害廃棄物の国境を越える移動などの規制について，国際的な枠組みおよび手続などを規定した「有害廃棄物の国境を越える移動及びその処分の規制に関するバーゼル条約」が作成され，1992年に発効した．

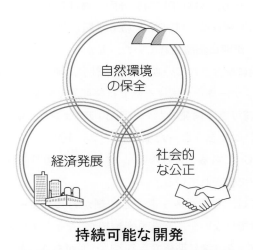

持続可能な開発

図2-8　1980年代の持続可能な開発の概念

　地球環境問題に関する世界的な関心の高まりを背景として，1992年にブラジルのリオデジャネイロで国連環境開発会議（地球サミット・リオサミット）が開かれた．この会議では，人と国家の行動原則を定めた「環境と開発に関するリオ宣言」（付録参照），そのための行動計画「アジェンダ21」および「森林に関する原則声明」を採択した．また，別途交渉が行われてきた「気候変動に関する国際連合枠組条約」「生物の多様性に関する条約」への署名も行われ，それぞれ150か国以上が署名した．この会議で持続可能な開発の概念が世界的に定着した．

　この会議から10年後の2002年にヨハネスブルグで持続可能な開発に関する世界首脳会議（ヨハネスブルグ・サミット）が開かれた．この会議では，「アジェンダ21」の達成状況の点検・評価・見直しが行われ，リオサミット以降に出てきた新たな課題についても議論された．リオサミット以降の状況はあまり進んでおらず，会議でも先進国と開発途上国の対立が見られ，妥協の多いものとなった．「ヨハネスブルグ宣言」と「アジェンダ21」をより具体的な行動に結びつけるための「行動計画」が採択された．

3 SDGs（持続可能な開発目標）

　さらに10年後の2012年にリオデジャネイロにおいて，国連持続可能な開発会議（リオ＋20）が開催された．この会議において「我々の求める未来（THE FUTURE WE WANT）」が採択され，グリーン経済（自然界からの資源や生態系から得られる便益を適切に保全・活用しつつ，経済成長と環境を両立することで，人類の福祉を改善しながら，持続可能な成長を推進する経済システム）の重要性が認識された．また，持続可能な開発目標（SDGs）について政府間交渉のプロセスを立ち上げることが決まった．

　リオ+20での合意を経て，70ヵ国が参加するオープンな作業部会によるSDGsの策定プロセスが始まった．一方，2000年に開発分野における国際社会の共通の目標として掲げられた「ミレニアム開発目標（MDGs）」（5.6参照）の目標年が2015年で，そのあとの目標（ポストMDGs）が別に議論されていた．しかし，ポストMDGsがオープンな作業部会でのSDGsの議論に統合されていき，経済，社会，環境を含んだ国際目標が作られた．

　そして，2015年にニューヨーク国連本部で持続可能な開発サミットが開かれ「我々の世界を変革する：持続可能な開発のための2030アジェンダ」が全会一致で採択された．「誰1人取り残さない」ことをうたった17のゴール，169のターゲットからなる2030年までの国際目標がSDGsである（付録参照）．ターゲット番号のうち，実施手段に関するものはアルファベットで書かれている．

　SDGsの特徴としては，目標のみを設定して細かい共通ルールは作っていないので，法的拘束力があるわけではないが，達成すべき方向性を示しているので，目標に向けたそれぞれの変革やイノベーションに期待できるという面があること．また，進捗を測って評価することが決められているが，その指標にも工夫の余地があること．そして，SDGsの

目標やターゲットは1つ1つが独立したものというわけではなく，相互に連関しているというところが重要である．これまでの持続可能な開発の概念では，経済，社会，環境は3つの柱ととらえられていたが，これからは3側面の統合が重要と考えられるようになった（図2-9）．

　各目標は相互に関連していて不可分であり，研究者によって分類も異なるが，環境に関するものとしては，目標13「気候変動に具体的な対策を」，目標14「海の豊かさを守ろう」，目標15「陸の豊かさも守ろう」が共通に取り上げられている．他に目標12「つくる責任つかう責任」を入れている場合，また目標6「安全な水とトイレを世界中に」や目標7「エネルギーをみんなにそしてクリーンに」を入れている場合もある．

　また，MDGsは途上国が対象と考えられていたのに対して，SDGsは先進国も途上国も対象とし，取り組む主体も政府だけでなく，自治体，企業，学校などより広い範囲が想定されている．近年SDGsが社会的な関心を集めている要因の1つとして，企業がSDGsへの取り組みを強化していることがあげられる．

　国連でSDGsの進捗状況を検討する場としてハイレベル政治フォーラムが置かれた．2019年には国連事務総長の「達成に向けて一定の良い傾向は見られるが，2030年までに目標を達成するにはスピードとスケールが十分ではない」との報告書が出された．そして，2030年までを「行動の10年」とすることが決まった．

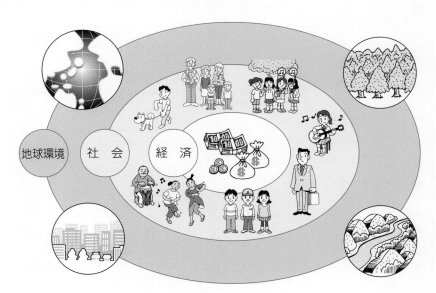

図2-9　持続可能な開発の新たなイメージ

表2-1 環境問題の歴史年表

世紀	年	環境破壊		トピック	
		世界	日本	世界	日本
18				産業革命始まる	
	1798			マルサス「人口論」	
19		ロンドン型スモッグ始まる			
	末			エネルギーが石油へ移行	
20	1900頃		足尾銅山鉱毒事件始まる		
	1901				田中正造天皇に直訴
	1910頃		イタイイタイ病発症		
	1920	カナダトレイル溶鉱所事件			
	1928			フロンの発明	
	1944	ロサンゼルス型スモッグ始まる			
	1945			第2次大戦終戦	
	1948				
	1950頃	北ヨーロッパ酸性雨被害始まる			
	1952	ロンドンスモッグ事件			
	1956		水俣病発症	イギリス大気浄化法	
	1957		イタイイタイ病の原因究明		
	1960頃		四日市公害発症		
	1961			WWF 設立	
	1962			レイチェル・カーソン「沈黙の春」	
	1965		新潟水俣病発症		
	1967		新潟水俣病訴訟始まる 四日市公害訴訟始まる	国連人口基金	公害対策基本法制定
	1968		政府が水俣病の原因を認める イタイイタイ病訴訟始まる		
	1969		熊本水俣病第1次訴訟始まる		
	1970頃	北アメリカ東部の酸性雨			
	1970				公害国会
	1971			ラムサール条約採択→75発効 グリンピース設立	環境庁発足
	1972			ローマクラブ「成長の限界」 国連人間環境会議	
	1973		足尾銅山閉山 関東地方で酸性雨被害	国連環境計画設立 ワシントン条約採択→75発効	公害健康被害補償法
	1974	オゾン層破壊の警告		世界人口会議	
	1979			長距離越境大気汚染条約採択→83発効	
	1980	この頃熱帯林の減少・劣化		米国政府「2000年の地球」	
	1982	セベソ事件			
	1984			環境と開発に関する世界委員会→88まで	
	1985	オゾンホール発見		ウィーン条約 ヘルシンキ議定書 熱帯林行動計画	
	1987			モントリオール議定書採択→89発効	
	1988			IPCC 設置 ソフィア議定書	オゾン層保護法
	1989			バーゼル条約採択→92発効	
	1992			国連環境開発会議（地球サミット） 気候変動枠組み条約採択→94発効 生物多様性条約採択→93発効 森林原則声明	種の保存法
	1993				環境基本法制定
	1994			砂漠化対処条約採択→96発効 国際人口開発会議	
	1996			世界食糧サミット	
	1997			京都議定書採択→2005発効	
	1998				地球温暖化対策推進法施行
	2000			国連ミレニアムサミット	

世紀	年	環境破壊		トピック	
		世界	日本	世界	日本
21	2001				家電リサイクル法施行
	2002			持続可能な開発に関する世界首脳会議	フロン回収破壊法施行
	2008			京都議定書第1約束期間→12まで	生物多様性基本法
	2009			世界食料安全保障サミット	
	2010			愛知目標，名古屋議定書	
	2010頃	海洋プラスチックごみ目立つ			
	2012			国連持続可能な開発会議（リオ＋20）	
	2013			水俣条約採択→17発効	フロン排出抑制法
	2015			持続可能な開発サミット パリ協定採択→16発効	
	2017				グリーンウッド法
	2018			未来のための金曜日	
	2019			2019 ～ 2030「行動の10年」 欧州グリーンディール 大阪ブルー・オーシャン・ビジョン	

第2章

環境問題の歴史

環境 NGO

　NGO とは，Non-Governmental Organization の略で，「非政府組織」「民間団体」のことです．開発，人権，環境，平和など地球規模の問題に国際的に取り組んでいます．1970 年代から 80 年代以降，NGO の存在感と発言力は世界的に高まっており，現在では国連の各機関も，NGO と連携して活動を行っています．

　その中で，環境分野に取り組んでいる NGO を「環境 NGO」と呼びます．大きい組織としては，世界自然保護基金（WWF），国際自然保護連合（IUCN），グリーンピースなどが有名です．

　世界自然保護基金は 1961 年にロンドンで，WWF（World Wildlife Fund：世界野生生物基金）として設立されました．シンボルマークのパンダが有名です（図）．設立当初は各国に事務所を置き，支援金を集めて，野生動物の保護プロジェクトの援助をしていました．1971 年には日本でも WWF ジャパンが設立されました．その後，活動の規模と範囲が広がるにつれ，生物の生息環境の重要性に注目するようになり，「地球環境」の保全を大きなテーマとするようになりました．1986 年，WWF はその名称を改め，「世界自然保護基金（World Wide Fund for Nature）」としました．そして，その活動も拡大して，環境に配慮しながら行われる木材生産を「認証」する FSC（森林管理協議会）を設立しました．また，地球温暖化防止活動にも力を入れています．世界 100 か国以上の 500 万人から支援を得ています．

WWF ロゴマーク

　グリーンピースは 1971 年アラスカ沖でのアメリカの核実験に抗議するため，反対した人々が船を出したのが，設立のきっかけになりました．本部はオランダのアムステルダムにあり，280 万人の個人サポーターに支えられています．日本においては，1989 年にグリーンピース・ジャパンが設立されました．気候変動，遺伝子組み換え問題，原子力問題，海洋生態系保全などの問題に対して，環境破壊現場に行き，直接抗議する活動が有名です．そのために 3 隻の船を所有しています．現場で調査し，科学的な分析結果に基づきレポートや代替案を作成し，政府や企業に提案し，また，世論に訴える活動を行っています．

　日本国内でも，多くの環境 NGO がありますが，2015 年に環境 NGO，NPO（非営利団体），市民団体の全国ネットワークとしてグリーン連合が設立されました．2022 年 4 月に会員は 85 団体です．持続可能な社会への転換を促す政策提言や市民環境団体共通の組織基盤強化のための提言，情報交流などを行っています．また，毎年市民版環境白書「グリーン・ウォッチ」を発行しています．

第3章
私たちの生活と環境

　私たちの出すごみは，1年間に約5千万t，1人当たりにすると500kgにもなる．さらに産業廃棄物は，その8倍の約4億tである．産業廃棄物の再利用率は約50%，ごみの再利用率は約20%であるが，なかなか再利用率が増加しない．「大量生産・大量消費・大量廃棄」型の経済社会から脱却し，環境への負荷が少ない持続可能な「循環型社会」への転換が求められている．

　この章では，食環境や食と健康の問題，衣服の環境負荷とサステナブルファッション，住まいと自然環境など，私たちの身近な食生活，衣生活，住生活と環境の問題を取り上げた．また，上下水道などの水環境や廃棄物とリサイクルについても学ぶ．ぜひ，身近な環境について考えてみよう．また，最後に私たちのまわりの気圧や温度，重力などの物理的な生活環境が，健康に与える影響についての知識を身につけよう．

1 ▷ 食生活と環境

1 食環境の大きな変化

　食生活やそれを取り巻く環境が大きく変化している．第2次世界大戦直後の食料不足を経て，1950年代半ばに必要カロリーを満たした後，1970年代に摂取カロリーがピークに達し，最近では減少傾向を示している．その内容をみると，畜産物や油脂類など脂質が増加し，米を中心とする炭水化物が減少するなど欧米型の食生活へと変化している（図3-1）．とくに脂肪エネルギー比率[*1]が30％以上を超えている者の割合は，20歳以上の年齢層で男性は35％，女性は44.4％となっている（令和元年国民健康・栄養調査結果）．

　こうした食生活の変化や国内農産物の生産減少によって，海外からの食料輸入が増大している．わが国のカロリーベースの食料自給率は，1965年度には73％であったが，最近は40％弱で推移している．これは，油糧作物の多くを海外に頼っていること，あるいは国内の畜産業が輸入飼料に依存していることなどに起因している[*2]．今後，新興国の人口増加や食生活の改善，異常気象による農産物価格の急激な高騰，相手国の輸出規制による貿易量の減少，戦争の勃発などによって食料需給の変動が起こる可能性があり，食料安全保障上の観点から食料自給率の向上が求められている．

　また，食料自給率の低さの一方で，食品廃棄量の多いことも問題となっている．農林水産省の食料需給表による1人当たりの供給熱量と厚生労働省の国民健康栄養調査による1人当たりの消費熱量の差は約500kcalであり，消費熱量に対し供給熱量が大きく上回っている．2つの統計をもって単純に比較はできないが，多くの食品が廃棄されていることがうかがえる．

　こうしたことを背景に，SDGsでは目標12「持続可能な消費と生産」において，2030年までに2000年と比べ食品ロスを半減することを目指している．

　食品ロスは家庭でも発生している．つくりすぎによる食べ残し，食品の鮮度低下，腐敗，カビの発生や消費期限・賞味期限が過ぎたことによる廃棄などである．食品ロスを少なくするために食材を買い過ぎない，買ったものは使い切る，適正量を調理するといったことなどを心がけることが大切である．

[*1] 脂肪エネルギー比率　総エネルギーに占める脂肪のエネルギー割合をいう．日本人の食事摂取基準（2020年版）では，目標量を男女（1歳以上）とも20〜30％としている．

[*2] 食料自給率の算定にあたっては，国産の畜産物であっても輸入した飼料を使って生産されている場合は国産には算入されない．

2 食と健康

　食生活の変化は健康にも影響を与えている．高脂肪食が原因の一部と考えられる大腸がんや乳がんが「がん」の多くを占めている．同時に生活習慣病が増大している．わが国の死因を見ると，第1位は「がん」，2位は「心疾患」，以下「老衰」，「脳血管疾患」と続く（図3-2）．がんの30％近くは塩やアルコールなどの食べ物が原因と考えられている．また，心臓病や脳血管疾患は肥満や高血糖，高血圧，脂質異常などによる動脈硬化が主な原因となっている．これらの疾病は，いわゆる「生活習慣病」と呼ばれており，食生活や喫煙習慣，ストレスなど，私たち1人ひとりの生活習慣がその病因に深くかかわっている．

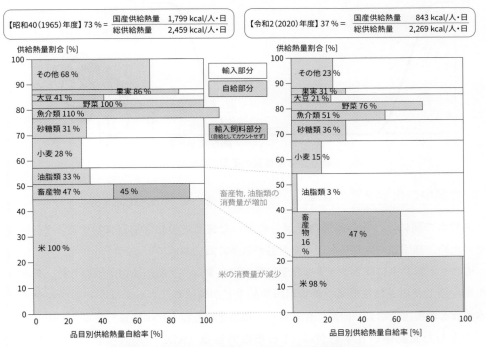

図3-1 供給カロリーの構成の変化と品目別食料自給率

出典）農林水産省，令和3年度 食料・農業・農村白書

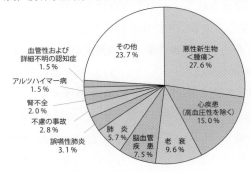

図3-2 主な死因別死亡数の割合

資料）厚生労働省，人口動態調査結果，令和2年（2020）より作成

　食べ物と健康との関係を考えると，栄養不足によって重大な影響が生じるのはもちろん，栄養の過剰によっても健康に障害が現れる（**図3-3**）．飽食の現代において，エネルギーの適正な摂取とバランスのとれた栄養を摂ることの重要性が改めて見直されている．近年では，米を主食に，魚介・野菜・豆類などを副食とした伝統的な日本型食生活が健康面から見直され，欧米でも注目されている．ユネスコ（国連教育科学文化機関）は，2013年12月，「和食」が日本人の長寿，肥満防止に役立っていることなどを評価し，無形文化遺産に登録した．

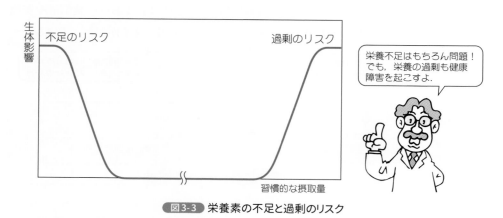

図3-3 栄養素の不足と過剰のリスク

3 食品中の化学物質の管理

　消費者の間には，食品添加物をはじめとした食品中の化学物質に対する不安が強い．そのため，無添加や無農薬といった食品が数多く販売されている．

　もともと食品中にはさまざまな化学物質が存在する．食品添加物が添加され，あるいは生産段階で使用された農薬や動物用医薬品などが残留し，さらにはカドミウムやメチル水銀など環境汚染物質が微量に含まれる．食品そのものも化学物質である．

　こうした食品中の化学物質は「1日摂取許容量（ADI = Acceptable Daily Intake）」という考え方で管理されている（**図3-4**）．ADIは「人が，一生涯毎日摂取しても何ら障害が現れない量」と定義される．どのような化学物質であっても，摂取しても無毒性な量が存在する．その量以下で食品中の化学物質を管理しようとする考え方である．

　ADIは，動物実験で得られた無毒性量（その最大のものを「最大無毒性量」（NOAEL = No Observed Adverse Effect Level）という．）をもとに算出される．まず，動物でNOAELを求め，動物と人間の種差を考え1/10をかけ，さらに人間の個体差を考慮し1/10を掛ける．つまり，NOAELに安全係数として1/100をかけてADIとしている．

　食品中の化学物質の量をADI以下で管理するため，食品添加物の場合は使用できる食品を限定し，さらに使用できる量を決めている．残留農薬についても同様の考え方で管理されている．

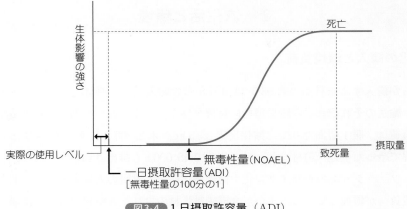

図3-4 1日摂取許容量（ADI）

16世紀の科学者であるパラケルスス（1493 − 1541）は「すべての物質は毒である．毒であるかどうかは量が決める」（The dose makes the poison.）という言葉を残した．この言葉のとおり，食品中の化学物質は毒性が現れない量以下で管理するという基本的な方針が徹底されている．

食品が持つ危害は，① 物理的危害，② 化学的危害，③ 生物的危害の3つである．わが国では，カドミウムを原因とするイタイイタイ病やメチル水銀による水俣病が発生したことから，食品中の化学物質に対する不安が大きい．しかし，化学物質は，① 危険なものは使用を認めない，② 使用にあたっては1日摂取許容量の範囲内で使用するの2つの原則に基づき管理されており，食品添加物などによる健康被害は生じていない．むしろ，管理が困難な微生物による危害(食中毒)のほうがわが国ではより重要なリスク因子である．

パラケルスス先生

37

2 ▷ 衣生活と環境

1 衣服の購入と環境負荷

　私たちが購入する衣料品の約98％は海外からの輸入品で，原材料の調達，生地・衣服の製造，輸送のそれぞれの段階で環境に負荷を与えている．原材料調達から製造段階までの環境負荷は，服1着あたりで二酸化炭素25.5 kg，水2,300 Lにあたる（図3-5）．また，生産過程で余った生地（端材など）は1年間で45,000 tも排出される．

　近年，ファッションの短サイクル化や低価格化により衣服の大量生産，大量消費が拡大し，環境負荷が増加している．また，合成繊維素材のフリースや起毛素材の洗濯によるマイクロプラスチックファイバーの海洋流出も問題となっている（5.6参照）．

2 衣服の再利用と廃棄

　2020年に環境省が行ったファッションと環境に関する調査では，消費者1人あたりの年間平均の衣服購入枚数は18着，手放す服は12着，1回も着られていない服が25着もあった．衣服を手放す手段としては，古着として販売が11％，譲渡・寄付が3％，地域や店舗で回収してもらうが11％，資源回収7％，可燃ごみ・不燃ごみとして廃棄する割合が最も高く68％となっていた．

　不要となった衣服は，リフォーム，リユース，リサイクルという順で利用できる．リフォーム（リメイク，リペア）とは，使用していない衣類を仕立て直したり，衣服以外のものを作って利用することである．リユースとは，古着として利用されることである．リサイクルには，マテリアルリサイクル・ケミカルリサイクル・サーマルリサイクルなどがある．マテリアルリサイクルは，廃棄物を再び原料に戻し，新たな製品にリサイクルする方法，ケミカルリサイクルとは，廃棄物をそのままではなく，化学反応により組成変換した後にリサイクルする方法を指す．サーマルリサイクルは，廃棄物を焼却する際に発生する熱エネルギーを回収して利用するリサイクル方法である．

　回収事業者への流入量なども含めての家庭から手放した衣服の流れを示したものが図3-6である．手放した衣服がリユースとサーマルリサイクルを除いたリサイクルにより再活用される割合は34％となり，年々割合は高まってはいるが，まだ廃棄される量が多い．

　2020年のファッションと環境に関する調査では，上記の家庭から手放した衣服と事業者側で手放した衣服を合計すると，手放される衣服の量は79万tで，そのうち廃棄量が51万t（64.8％），リサイクル量が12万t（15.6％），リユース量が15万t（19.6％），リペア量が11万t（14.3％）となっている．

　廃棄された衣服が再資源化される割合は5％程で，ほとんどはそのまま焼却・埋め立て処分される．その量は年間で約48万tである．この数値を換算すると大型トラック約130台分を毎日焼却・埋め立てしていることになる．

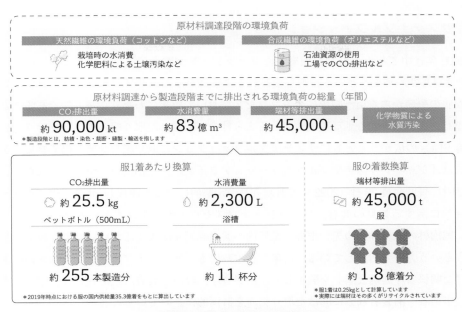

図3-5 衣服製造段階までの環境負荷

資料）環境省 HP（https://www.env.go.jp）より作成

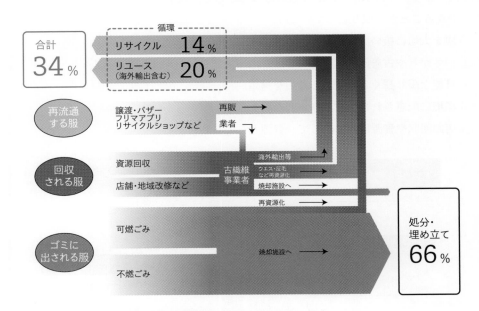

図3-6 家庭から手放した服の行方

※各割合（％）は家庭から手放した衣類の総量を分母としている．
※リサイクル率14％にはウエス（機械手入れ用の雑巾）など繊維に戻らないものを含み，またサーマルリサイクルについては除いている．
※リユース率20％には海外輸出される衣服を含む．また古着の海外輸出は輸出先国の現地産業に影響を与える懸念があるため，国内における更なるリユースの推進が課題である．
資料）環境省 HP（https://www.env.go.jp）より作成

3 サステナブルファッション

　2000 年代中ごろから環境に配慮したファッションが欧米で注目されるようになり，サステナブルファッションという言葉も使われるようになった．サステナブルファッションとは衣服の生産から着用，廃棄に至るプロセスにおいて将来にわたり持続可能であることを目指し，生態系を含む地球環境や関わる人・社会に配慮した取り組みのことをいう．日本でも SDGs の広がりとともにサステナブルファッションに取り組む企業も出てきて，2021 年には「ジャパンサステナブルファッションアライアンス（JSFA）」が設立された．正会員 21 社，賛助会員 29 社（2022 年 8 月現在）が定期的に会議を開催し，サステナブルファッションに関する知見の共有，ファッションロスゼロ・カーボンニュートラルに向けた協働，国内外の重要動向の先行把握，業界内の共通課題を改善するために必要な政策提言を行うという方針で活動している．同年，日本政府も「サステナブルファッションの推進に向けた関係省庁連携会議」を発足して，消費者庁，経済産業省，環境省の 3 省庁が連携して，事業者・消費者双方に向けた取り組みを計画的に進めていくこととした．

　循環型モデルとして図3-7 が提案されている．

　また，環境省では私たちが取り組めることとして，以下の 5 つのアクションをあげている．できることから取り組んでいこう．

① 服を大切に扱い，リペアをして長く着る．

② おさがりや古着販売・購入などのリユースでファッションを楽しむ．

③ 可能な限り長く着用できるものを選ぶ．

④ 環境に配慮された素材で作られた服を選ぶ．

⑤ 店頭回収や資源回収に出して，資源として再利用する．

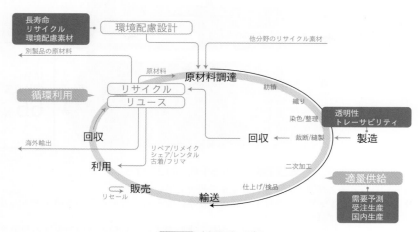

図3-7 循環型モデル

資料）環境省 HP（https://www.env.go.jp）より作成

3 ▷ 水生活と環境

1 上水道と安全な水

　水は人間が生きていくために絶対的に必要なものである．私たちが家庭で使用する水を家庭用水といい，そのうち飲料用として利用されるのは2〜3Lで，残りは風呂，トイレ，炊事，洗濯など，ほとんどが洗浄用として使用されている（図3-8）．一方，飲食店，デパート，ホテルなどの営業用水，事業所用水，公園の噴水や公衆トイレなどに用いる公共用水をまとめて都市活動用水という．家庭用水と都市活動用水をあわせて生活用水といい，2019年度には1人1日平均約287Lを使用している．

　日本の近代水道は，1887年の横浜市の水道に始まる．1890年には水道の全国普及と水道事業の市町村による経営を内容とする水道条例が制定されたことにより，都市部で急速に普及した．第2次世界大戦後の1957年に現行の水道法が作られ，普及が一層進んだ．1957年に上水道普及率が41％であったのが，2019年度末では，98.1％に達し，ほとんどの国民が上水道の供給を受けている．しかし，水道施設の老朽化や耐震化の遅れがあり，多くの水道業者が小規模で経営基盤が脆弱であり，今後の水道の基盤強化が課題となっている．

　水道水は，ほとんどの水源をダム貯留水や河川水などの表流水に依存して，井戸水の割合は約2割である．年々河川水の割合が減少し，ダムの割合が増加している（図3-9）．浄水処理方法は，急速ろ過，緩速ろ過，膜ろ過，消毒のみの4つの方式に分類されるが，いずれの方式を採用する場合でも消毒設備を設け，塩素剤による消毒を行うことが義務付けられている．日本の水道では，急速ろ過の割合が最も高く8割くらいである．急速ろ過の方法は，沈殿，ろ過，消毒の3段階の方法で行われている（図3-10）

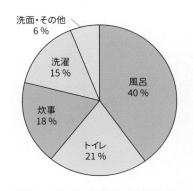

図3-8 家庭用水の使用目的別の割合

東京都水道局平成27年度一般家庭水使用目的別実態調査
資料）東京都水道局HP（https://www.waterworks
.metro.tokyo.lg.jp）より作成

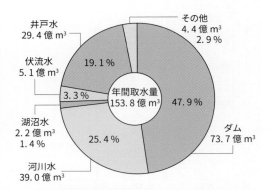

図3-9 水道水源の種別（令和元年度）

資料）（公社）日本水道協会HP
（http://www.jwwa.or.jp）より作成

　水道水は，水道法により水質検査が義務付けられ水質基準に適合しなければならない（表3-1）．水質基準以外にも，水質管理上留意すべき項目を水質管理目標設定項目，毒性評価が定まらない物質や水道水中での検出実態が明らかでない項目を要検討項目と位置付け，必要な情報・知見の収集に努めている．

　水道水に関するいくつかの健康問題について紹介する．トリハロメタンは，浄水場での塩素消毒の際に，水中の有機物と塩素が反応して生成される．中枢機能低下，肝機能や腎機能への影響のほか，発ガン性や催奇形性についても指摘されており，水質基準では0.1 mg/L 以下と定められている．また，1996 年には塩素消毒に耐性の原虫・クリプトスポリジウムによる感染症が起こり問題となった．さらに 2011 年の東日本大震災で起こった福島第一原子力発電所事故で放射性物質が飛散したことにより，放射性物質による水質の汚染が問題となった．厚生労働省は飲料水中の放射性セシウムの基準を 10 ベクレル/kg とした．

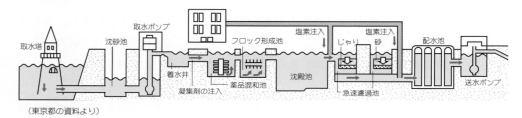

（東京都の資料より）

図3-10　急速ろ過の方法

表3-1　水道水の水質基準（令和3年4月1日現在）

番号	水質項目	基準値	番号	水質項目	基準値
1	一般細菌	1 mLの検水で形成される集落数が100以下	26	臭素酸	0.01 mg/L以下
2	大腸菌	検出されないこと	27	総トリハロメタン	0.1 mg/L以下
3	カドミウム及びその化合物	カドミウムの量に関して，0.003 mg/L以下	28	トリクロロ酢酸	0.03 mg/L以下
4	水銀及びその化合物	水銀の量に関して，0.0005 mg/L以下	29	ブロモジクロロメタン	0.03 mg/L以下
5	セレン及びその化合物	セレンの量に関して，0.01 mg/L以下	30	ブロモホルム	0.09 mg/L以下
6	鉛及びその化合物	鉛の量に関して，0.01 mg/L以下	31	ホルムアルデヒド	0.08 mg/L以下
7	ヒ素及びその化合物	ヒ素の量に関して，0.01 mg/L以下	32	亜鉛及びその化合物	亜鉛の量に関して，1.0 mg/L以下
8	六価クロム化合物	六価クロムの量に関して，0.02 mg/L以下	33	アルミニウム及びその化合物	アルミニウムの量に関して，0.2 mg/L以下
9	亜硝酸態窒素	0.04 mg/L以下	34	鉄及びその化合物	鉄の量に関して，0.3 mg/L以下
10	シアン化物イオン及び塩化シアン	シアンの量に関して，0.01 mg/L以下	35	銅及びその化合物	銅の量に関して，1.0 mg/L以下
11	硝酸態窒素及び亜硝酸態窒素	10 mg/L以下	36	ナトリウム及びその化合物	ナトリウムの量に関して，200 mg/L以下
12	フッ素及びその化合物	フッ素の量に関して，0.8 mg/L以下	37	マンガン及びその化合物	マンガンの量に関して，0.05 mg/L以下
13	ホウ素及びその化合物	ホウ素の量に関して，1.0 mg/L以下	38	塩化物イオン	200 mg/L以下
14	四塩化炭素	0.002 mg/L以下	39	カルシウム,マグネシウム等[硬度]	300 mg/L以下
15	1,4-ジオキサン	0.05 mg/L以下	40	蒸発残留物	500 mg/L以下
16	シス-1,2-ジクロロエチレン及びトランス-1,2-ジクロロエチレン	0.04 mg/L以下	41	陰イオン界面活性剤	0.2 mg/L以下
17	ジクロロメタン	0.02 mg/L以下	42	ジェオスミン	0.00001 mg/L以下
18	テトラクロロエチレン	0.01 mg/L以下	43	2-メチルイソボルネオール	0.00001 mg/L以下
19	トリクロロエチレン	0.01 mg/L以下	44	非イオン界面活性剤	0.02 mg/L以下
20	ベンゼン	0.01 mg/L以下	45	フェノール類	フェノールの量に換算して，0.005 mg/L以下
21	塩素酸	0.6 mg/L以下	46	有機物(全有機炭素[TOC]の量)	3 mg/L以下
22	クロロ酢酸	0.02 mg/L以下	47	pH 値	5.8以上8.6以下
23	クロロホルム	0.06 mg/L以下	48	味	異常でないこと
24	ジクロロ酢酸	0.03 mg/L以下	49	臭気	異常でないこと
25	ジブロモクロロメタン	0.1 mg/L以下	50	色度	5度以下
			51	濁度	2度以下

2 生活排水と下水道

　私たちが日常生活で出している排水を生活排水という．このうちし尿以外のものを生活雑排水と呼んでいる．水を汚す原因では，生活雑排水が大きな割合を占めている（図3-11）．そのため，生活雑排水をできるだけきれいにして流すことが必要である．生活排水の多くは下水道で処理される．近代的な下水道の登場は，明治時代に入ってからのことで，1900年に下水道法が制定され，いくつかの都市で下水道工事が始まった．第2次世界大戦後，1958年に下水道法が抜本的に改正された．改正下水道法では，「都市環境の改善を図り，もって都市の健全な発達と公衆衛生の向上に寄与する」ことを目的として合流式下水道を前提とした都市内の浸水防除，都市内環境整備に重点が置かれることとなった．その後，河川の汚濁が問題となり，1970年の下水道法の改正に際し，「公共用水域の水質の保全に資する」という一項がその目的に加えられた．

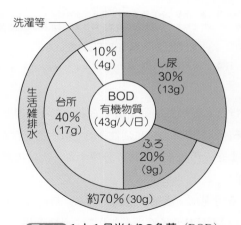

図3-11 1人1日当たりの負荷（BOD）

資料）環境省「平成16年版環境白書」より作成

　2021年度末の全国の下水道普及率は86.0％で，下水道の他に生活排水を処理する仕組みとして，農業集落排水施設，浄化槽，コミュニティ・プラントがあり，これらを合計した全国平均汚水処理普及率は92.6％である．現在は国民の多くが下水道を利用しているが，正しい使い方をしていかなくてはならない（図3-12）．

　また，公共下水道には，汚水と雨水を一緒に集める合流式と別々に集める分流式があり，古い下水道は合流式が採用されていた．しかし，大雨が降ると未処理のし尿がそのまま放流されるため，公衆衛生・水質保全上問題になっており，改善計画が立てられている．

油類を流さない
排水溝に油を流すと，油が冷えて固まってしまい排水管や下水道管がつまってしまいます．
料理で使った油は新聞紙や古い布で吸い取り，燃えるごみへ．

野菜くずや食べ残しを流さない
野菜くずや食べ残しを流すと排水管や下水道管がつまる原因になります．
水気を切って燃えるごみか生ごみとして出すようにしましょう．

ビニール片や割りばし・つまようじを流さない
ビニール片や割りばし・つまようじを流すと，排水管の中にひっかかりつまりの原因になります．
これらはごみとして捨てましょう．

薬品類を流さない
薬品類を下水道管に流すと，下水道管が変形したり溶けたりして水漏れの原因になります．
廃棄方法を確認し，適切な方法で処分してください．

髪の毛を流さない
髪の毛を排水口に流すと，排水管や下水道管のつなぎ目にひっかかったり，他の汚物と絡まったりして
詰まりやすくなります．排水口には目皿などを置くようにし，髪の毛が流れないように注意しましょう．

熱湯を流さない
排水管には高温に弱い材質が使われている場合があるので，熱湯を下水道管に流すと下水道管が変形する可能性があります．熱湯は冷ましてから流しましょう．

落ち葉を排水溝に捨てない
雨水が流れる排水溝に落ち葉やごみを捨てると，雨水が流れにくくなってしまいます．大雨の時に
雨水が排水溝からあふれてしまう危険があるので，落ち葉は排水溝には流さないようにしましょう．

図3-12 下水道の正しい使い方

資料）日本下水道協会 HP（https://www.jswa.jp）より作成

　わが国の下水処理はほとんどが生物処理法である．主な処理として，まず比較的沈みやすい固形物を除去する．次に下水の中に活性汚泥（微生物を含んだ汚泥）を入れ，空気を吹き込みながらかきまぜ，汚れを微生物で分解する．次に汚泥を沈殿させ，上澄みを消毒して流す（図3-13）．

　水処理過程で発生する汚泥は，濃縮，消化，脱水，焼却などの処理によって減量化，安定化している．また，最近はリサイクルもされるようになり，セメント原料，建築資材，肥料などに利用されている．

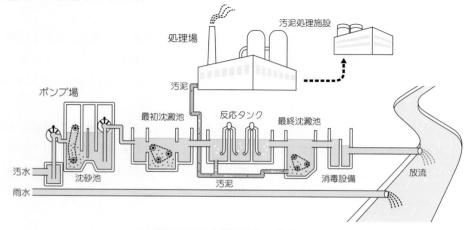

図3-13 下水道終末処理場のしくみ

4 ▷ 廃棄物とリサイクル

1 廃棄物と減量対策

　廃棄物の処理は，1970年に全面改正された「廃棄物の処理および清掃に関する法律（廃棄物処理法）」に規定されている．この法律において「廃棄物」とは，「ごみ，粗大ごみ，燃え殻，汚泥，ふん尿，廃油，廃酸，廃アルカリ，動物の死体その他の汚物又は不要物であって，固形状又は液状のもの（放射性物質及びこれによって汚染された物を除く．）」をいう．廃棄物は一般廃棄物と産業廃棄物に分けられ，一般廃棄物は，ごみとし尿に分けられる．オフィスや商店などの事業系のごみは一般廃棄物に分類される．一般廃棄物の収集・処理は主に市町村の責任で行い，産業廃棄物の処理は事業者の責任で行うこととなっている．また，爆発性，毒性，感染性のある廃棄物を特別管理一般廃棄物および特別管理産業廃棄物として，通常の廃棄物よりも厳しい規制を行っている（図3-14）．

　その後，廃棄物量の増大とともに最終処分場の確保が困難になってきたことやリサイクルが進まないことなどの問題が出てきて，その解決のため，「大量生産・大量消費・大量廃棄」型の経済社会から脱却し，環境への負荷が少ない「循環型社会」を形成するため「循環型社会形成推進基本法」が2000年に制定された．この法律において「循環型社会」とは，「製品等が廃棄物等となることが抑制され，並びに製品等が循環資源となった場合においてはこれについて適正に循環的な利用が行われることが促進され，及び循環的な利用が行われない循環資源については適正な処分が確保され，もって天然資源の消費を抑制し，環境への負荷ができる限り低減される社会をいう．」と定義されている．そして，廃棄物などの処理の「優先順位」を① 発生抑制，② 再使用，③ 再生利用，④ 熱回収，⑤ 適正処分の順であると初めて法定化した．

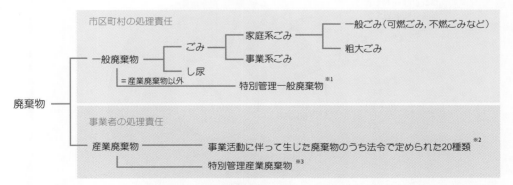

※1　一般廃棄物のうち，爆発性，毒性，感染性その他の人の健康又は生活環境に係る被害を生ずるおそれのあるもの．
※2　燃え殻，汚泥，廃油，廃酸，廃アルカリ，廃プラスチック類，紙くず，木くず，繊維くず，動植物性残渣（さ），動物系固形不要物，ゴムくず，金属くず，ガラスくず，コンクリートくず及び陶磁器くず，鉱さい，がれき類，動物のふん尿，動物の死体，ばいじん，輸入された廃棄物，上記の産業廃棄物を処分するために処理したもの．
※3　産業廃棄物のうち，爆発性，毒性，感染性その他の人の健康又は生活環境に係る被害を生ずるおそれがあるもの

図3-14　廃棄物の分類

　産業廃棄物の排出量は一般廃棄物のごみの8～9倍である．産業廃棄物は，4億t弱で，2000年に比べ減少しているが，あまり変化は大きくない．ごみは，5,000万t前後で，2000年からはやや減少傾向にある（図3-15）．産業廃棄物の種類別の排出量は，汚泥が最も多く44％，ついで動物の糞尿，がれき類で，この3品目で全排出量の約8割をしめている（図3-16）．産業廃棄物の半分以上は再生利用され，45％は減量化され，最終処分場へ埋め立てられる量は2％である（図3-17）．

　一般廃棄物のごみは，2020年度の総排出量4,167万tのうち，最終的に資源化された量は833万t（20％），最終処分量は364万t（9％）であった．

図3-15 廃棄物排出量の推移

資料）環境省 HP（http://www.env.go.jp）より作成

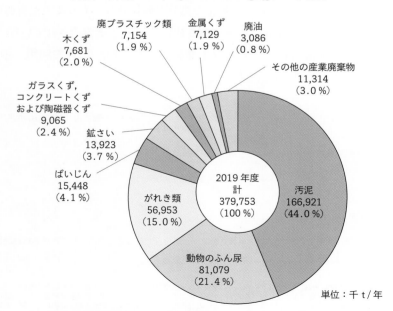

単位：千t/年

図3-16 産業廃棄物の種類別排出量（2019年度 実績値）

資料）環境省 HP（http://www.env.go.jp）より作成

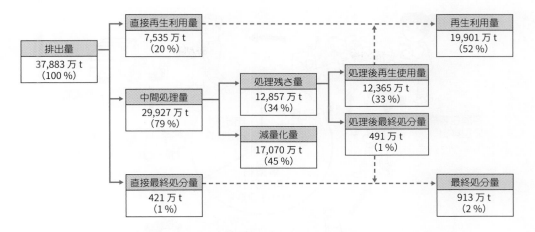

図3-17 産業廃棄物の処理・再資源化の流れ（2018年度）

資料）環境省 HP（http://www.env.go.jp）より作成

2 リサイクル

　循環型社会形成推進基本法では，「3R」を推進している．「3R」とは，Reduce（リデュース：廃棄物などの発生抑制），Reuse（リユース：再使用），Recycle（リサイクル：再生利用）のことである．リサイクルについては，1995年に容器包装リサイクル法，1998年に家電リサイクル法，2000年に建設リサイクル法と食品リサイクル法，2002年自動車リサイクル法，2013年に小型家電リサイクル法が制定されている．また，2000年に制定された資源有効利用促進法では，10業種を対象に，事業者に対して3R（リデュース・リユース・リサイクル）の取り組みを求めている．

　まず，容器包装リサイクルについて見てみよう．容器包装廃棄物は家庭から排出されるごみの重量の約2～3割，容積で約6割を占める．消費者は分別して排出し，市町村が分別収集し，容器の製造事業者と，容器包装を用いて中身の商品を販売する事業者は再商品化（リサイクル）するという仕組みが決められた(図3-18)．対象は金属（アルミ缶，スチール缶），ガラス，紙（飲料用紙パック，段ボール製容器，その他の紙製容器），プラスチック（PETボトル，それ以外のプラスチック製容器包装）である．重量ではガラス製容器，プラスチック製容器，段ボール製容器の回収重量が多く，再商品化率はすべて90％以上となっている(図3-19)．

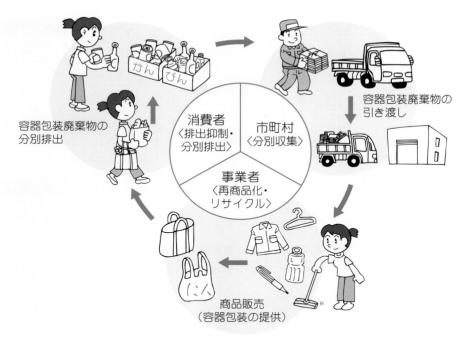

図3-18 容器包装リサイクル

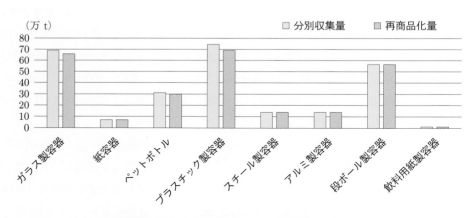

図3-19 容器包装廃棄物の分別収集量と再商品化量

　「家電リサイクル法」では，家庭用エアコン，テレビ，電気冷蔵庫・冷凍庫，電気洗濯機・衣類乾燥機の４品目を対象に，小売業者による引取りおよび製造業者などによるリサイクルが義務付けられ，消費者は，リサイクル料金を支払うことが決められている．家電メーカーなどの家電リサイクルプラントに搬入された廃家電は，リサイクル処理によって鉄，銅，アルミニウム，ガラス，プラスチックなどの有価物として回収され，法定基準を上回る再商品化率が達成されている（図3-20，表3-2）．

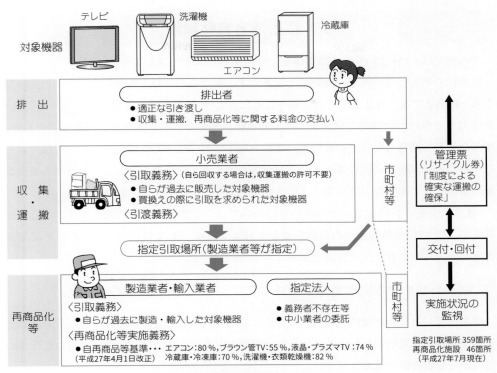

図3-20 家電リサイクル法

表3-2 家電リサイクル再商品化率

（単位％）

	法定基準	2015年度	2016年度	2017年度	2018年度
エアコン	80	93	92	92	93
ブラウン管式テレビ	55	73	73	73	71
液晶・プラズマテレビ	74	89	89	88	86
電気冷蔵庫・電気冷凍庫	70	82	81	80	79
電気洗濯機・衣類乾燥機	82	90	90	90	90

<h1>5 ▷ 住生活と自然環境</h1>

この節では,「住まい」と「自然環境」との関わりをテーマとする.

住生活の場として,住宅・建物にとどまらず,私たちの住むまちやむら,その周辺の山なみ・林地までを「住まい」として扱うことにしよう.「自然環境」については,地震力・風圧力など自然の物理的な側面よりは,動植物,菌類などのさまざまな生きものたちが,相互に依存し関係し合っている自然,すなわち生命的・生態的な側面を主として扱うことになる.地球温暖化に代表される今日の環境問題を考えるとき,このような自然の側面が,私たちにとって切実な問題になっているからである.

「住まい」と「自然環境」との関わりについて,ここでは便宜的に大きく2つに分けて考える. ① では自然環境への負荷を減らす方向であり, ② では快適で豊かな自然環境を再生し,あらたに創り出す方向である.

① 住まいをめぐる環境負荷の低減

環境問題,とりわけ地球温暖化への対策としての低炭素社会の構築は,私たちを含めた世界が共通に立ち向かわなければならない課題である.ここでは,住まいに関わる3つの視点から環境負荷の低減を見ていく.

(1) 建物の建設・解体

建物を建設・解体したり,建築材料を製造・廃棄しようとすれば,エネルギーを消費せざるをえない.建築材料の製造においてエネルギー量を CO_2 排出量に換算し,環境負荷を考えてみると, 図3-21 のように,木材は製造時の CO_2 排出量が桁違いに少なく,環境負荷の低い材料であることが分かる.

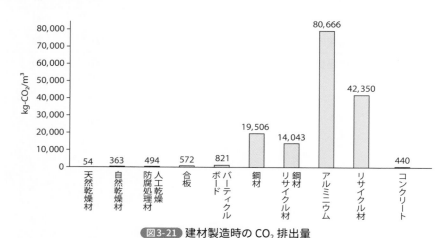

図3-21 建材製造時の CO_2 排出量

資料)ウッドマイルズフォーラム HP(http://woodmiles.net)より作成

建築材料の原料としての木材は国内で供給できる数少ないもののひとつであるが，輸送に発生するCO_2を考えれば，その輸送距離をできるだけ短くすること，とりわけ地域の木材を使うことが望ましい(図3-22)．いわゆる地産地消である．

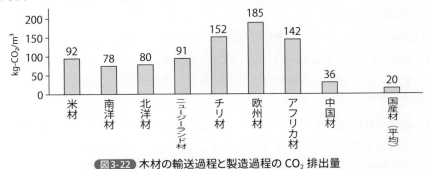

図3-22 **木材の輸送過程と製造過程のCO_2排出量**

資料）ウッドマイルズフォーラム HP（http://woodmiles.net）より作成．
産地から消費地までの輸送過程の二酸化炭素排出量（平均値）．輸入材は製材品輸入を想定．

樹木はCO_2を吸収し生長する．木材として使用される間はCO_2を大気に放出せず蓄え続け，解体後の焼却や腐朽によってCO_2その他に分解される．CO_2は樹木が生長する過程で再び吸収され蓄えられる．このようにCO_2は循環しており，循環が途切れないかぎりCO_2は増えない．

森林は，自然の再生力を越えてしまうような過度の伐採を抑制し，適切に維持管理をしつつ伐採するならば，半永久的に木材を再生産できるのであり，木材の伐採と使用によってはじめて森林は再生維持されていく．

自国産の木材を使用することは，面積の2/3が森林といわれる我が国の国土と産業の基盤を維持することに深く結びついている．2009年，国は「森林・林業再生プラン」という基本方針を定めた．そこでは林業を地域産業として再生するとともに，低炭素社会づくりに向けて，「コンクリート社会から木の社会」に転換することが提案されている．

2021年成立の「脱炭素社会の実現に資する等のための建築物等における木材の利用の促進に関する法律（都市の木造化促進法）」では，公共建築物を含む建築物一般において の木造化を促進することが，次のような貢献をすると明示された．① 地球温暖化の防止，② 循環型社会の形成，③ 森林の有する国土の保全，④ 水源涵養その他の多面的機能の発揮，⑤ 山村その他の地域の経済活性化などである．木造は構造的にも耐火的にも低層にしか向かないわけではない．最新の技術を木造に適用することでマンションやオフィスビルなどの高層木造建築も近い将来は実現されることになると考えられる．

住宅など建物の解体・廃棄に関しては，どのような工夫があるだろうか．3Rといわれるように，リデュース（建設資材や機器梱包材の繰り返し利用や抑制など）・リユース（解体される民家の柱・梁などの古材をそのまま使用など）・リサイクル（廃材を木材チップにして各種ボードの製造など）が大切である．

建物のコンクリート・鉄・ガラス・木材についていえば，コンクリートガラは道路の路盤材などとして，鉄はスクラップにされ鋼材などとして，ガラスはグラスウール断熱材などとして，木くずはボード類などとしてリサイクルされている．また木くずなどの木質バイオマスは熱エネルギーとして回収利用（サーマルリサイクル）することも可能である．

現在，建物を解体するときには，法律（「建設工事に係る資材の再資源化等に関する法律」いわゆる建設リサイクル法 2000 年）によって，一定規模以上の建物にかぎり，コンクリート・木材・アスファルトなどの廃棄物は分別解体し，再生資源として利用することが義務付けられている．

なお，建物の性能を評価するものとして建設・使用・解体時それぞれの CO_2 排出量を全体として算出する $LCCO_2$（ライフサイクル CO_2）という尺度があり，環境への負荷を比較することができる．

（2）建物の長寿命化

日本の住宅の寿命は欧米に比べて大変短い（図3-23）．省資源化を進め，少しでも環境負荷を減らすためには，住宅を建てては壊すという従来のフロー消費型から，良いものをつくり大切に手入れをして長く使うストック重視型への移行が求められる．建物を長く使うためには，その耐震性・耐久性を考慮して物理的に長寿命化することは当然であるが，設備機器の維持管理・改修交換への配慮，家族構成やライフスタイルによる間取りの変化への対応というような機能的・社会的な長寿命化が重要になる．既存建物をできるかぎり活用するリノベーション（リフォームとも呼ばれる．間取りの変更やバリアフリーのための改修など）やコンバージョン（転用ともいう．オフィスから住宅へ用途変更など）が，これから一層大切になるだろう．

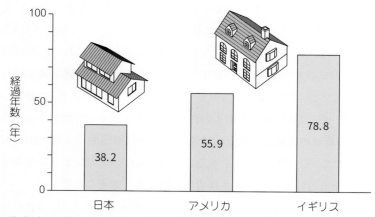

注）最近5年間（アメリカにあっては6年間）に滅失した住宅の新築後経過年数を平均した値．
新築住宅の平均寿命（最近新築された住宅があと何年使われるかの推計値）とは異なる．

図3-23 滅失住宅の平均築後年数の国際比較

資料）国土交通省 HP（http://www.mlit.go.jp）「2021 年度 住宅経済関連データ」より作成

（3）住まいにおけるエネルギーの使用

　住宅用エネルギー消費量は，用途別に ① 冷房・暖房用，② 給湯・厨房用，③ 動力・照明他に分けることができ，今日ではそれぞれの部門がほぼ 1/3 程度を占めている（図3-24）.

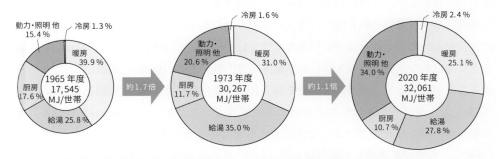

図3-24 世帯当たりのエネルギー消費原単位と用途別エネルギー消費の推移
資料）2022 年版エネルギー白書（http://www.enecho.meti.go.jp）より作成

　1970 年代の 2 度のオイルショックといわゆる省エネ法（「エネルギーの使用の合理化に関する法律」1979 年）は，上記 3 つのエネルギー消費部門すべてにわたる設備機器の高効率化を促し，各機器のエネルギー消費を減らすきっかけになった.

　ただし，住宅世帯当たりのエネルギー消費量は，生活の質的な向上にともない年々増加している．ライフスタイルを反映してであろうか，給湯・厨房用の割合が減少して，冷房と動力・照明他が増加している.

　冷蔵庫，エアコン，テレビ，温水機などの家電製品の高効率化に関する評価には省エネラベリング制度がある．冷蔵庫の例を図3-25 に示す．ラベル上段では市場における製品の省エネ性能を 5.0 ～ 1.0 の 41 段階で相対評価し，中段ではその時点で最高効率の省エネ基準などをどの程度達成しているかを表示し，下段では年間の使用料金の目安が表記されている.

図3-25 日本の省エネ性能ラベル
資料）資源エネルギー庁 HP（http：//enecho.meti.go.jp）より作成

　これらの省エネ性能が高い製品は光熱費が安くなるだけではなく，CO_2の削減にも有効である．今日では住宅が高気密・高断熱になり，冷暖房機器の効率も上がったが，省エネは設備機器を高効率化すればそれで済む問題ではなく，私たちの生活の欲求などライフスタイルを含めて考えなければならないことが大変多い．

　高性能な機械設備に頼る前に，住まいそのものの基本的な形態を考慮することも大切なことになる．たとえば冷暖房に影響を及ぼす日射についていえば，冬の日射は住宅南面の大きな開口から室内に取り入れられ，太陽高度の高い夏の日射は庇や簾によってある程度遮ることができる．南の庭に落葉樹を植えれば，夏は日射を防ぎ，冬は日射が室内に入る（図3-26）．夏の日射量は建物の南面よりも東西面の方が多いことが知られており，住宅の東西面を壁や緑化などによって遮断することは効果がある（図3-27）．また，夏の常風（卓越風）の方向を考慮して開口部を設けたり，冬の夜は雨戸をしめ，ガラス面からの熱の放出を少なくすることもできる．

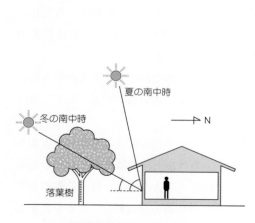

図3-26 樹木と庇と太陽高度

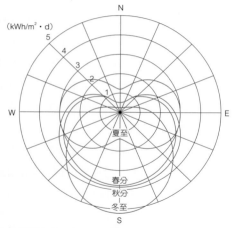

図3-27 各方位垂直壁面の1日総受熱量（東京）
資料）日本建築学会編「建築設計資料集成1」
丸善より作成

　以上のような視点で日本の伝統的住宅の形態を見ると，庭に面した長い庇は，たんに雨ばかりではなく夏の日射への備えでもあり，床下の空気層は通気によって湿気を防ぎ，屋根裏の空気層は断熱の役割を果たすというように，室外環境を制御する先人たちの配慮があったことがうかがえる．

　過度にエネルギーに依存しないためにも，住まいそのものの基本的な形態を工夫して，それを補うかたちで機械設備を利用したいものである．このような機械設備に頼らない省エネの建築的な工夫はパッシブなデザインといわれ，一方機械設備を用いる環境調整はアクティブなデザインと呼ばれる．

エネルギーに関しては，無駄を省いて有効に使う省エネだけではなく，CO_2 を排出しない代替の自然エネルギー（太陽熱・太陽光・風力・水力・地熱・大気中の熱・バイオマスなど…）への関心・研究が今日盛んである．特に 2011 年の原子力発電所の事故以降一層たかまっている．低炭素化を前提としていた原子力発電であるが，それへの依存度は減り，自然の営みによってエネルギー源が枯渇する可能性がきわめて低く環境負荷が少ない再生可能エネルギーへの転換が，これから一層求められることになるだろう．

住宅のエネルギーを無駄なく最適に利用できるように，家電や給湯などのエネルギー消費機器をネットワーク化し，情報技術によって一元的な管理制御を行う「ホーム・エネルギー・マネジメント・システム（HEMS：ヘムス）」が注目されている．電力使用情報を詳細にモニターできるメーターを設置し，消費量を表示すると，節電意識を啓発する効果もある．

家電・設備機器を結ぶだけではなく，太陽光発電などの自前の創エネ設備や蓄エネ設備（電力ピーク時や停電時にも供給不足にならない設備であり，深夜電力を蓄熱したりする工夫もある．）もネットワーク化されることになる．住宅におけるエネルギーの自給自足も促進されるであろう．

同様な一元的管理によるエネルギー最適化システムのビルへの適用を，「ビルディング・エネルギー・マネジメント・システム（BEMS：ベムス）」と呼ぶ．また，巨大な発電所が一方的に電気を地域に供給するだけではなく，地域内でエネルギーをいかに効率的に活用できるかが模索されている．地域内で分散的に電力（再生可能エネルギーを含む）をつくりだし，情報通信技術を駆使することにより，地域内の各施設（蓄電設備でもある電気自動車などを含む）の間で双方向的にエネルギーを融通し合いながら有効活用しようとする社会的システムづくり・都市づくりがこれから進められよう．このような新しい都市のすがたをスマートシティと呼ぶ．

2 住まいをめぐる自然環境の再生

ここでは，環境への負荷を低減するばかりではなく，さまざまな生命が息づいている快適で豊かな自然環境を積極的に再生し創り出す方向を見ていく．

（1）庭と建物の緑化

庭があれば，草花や樹木を植えることができる．庭の樹の実をついばみに飛来した鳥が，フンに混じって何処か見知らぬところの種を落していけば，庭には新顔の樹木が生長することもある．新しく家族をもったり，子どもが生まれた時，庭に樹を植える人もいる．家族や子どもの成長とともに，樹木も生長する．

　一方では，住宅の敷地内にあった樹木を，虫が寄って来るからという理由で伐る住み手もいる．また集合住宅内に植えられ樹木が，落ち葉の掃除が大変だという理由で伐り倒されることもある．住まい手のライフスタイルや住まい方と関わって，樹木も実際にはさまざまにとりあつかわれている．

　今日の都会の生活では余裕のある庭を持つことは難しいかもしれないが，集合住宅のベランダにプランターを設置すればガーデニングや壁面緑化も可能である．屋上や屋根の緑化手法も多く開発されている．屋上がコンクリートならば，庭園をつくることも難しくない．土の厚さは植える樹木によって異なるが，建物への断熱効果もあり，後にふれるヒートアイランド現象（図3-28）を緩和してくれるばかりでなく，屋上で緑の中の散策も楽しめる．

　元々植物は，光合成による酸素の生成をとおして，私たち人間を含めた好気性生物（酸素呼吸する生物）の発生の基盤を準備したものといわれる．室内の鉢植えの緑にさえ，私たちは身心の深いところからリフレッシュすることができる．

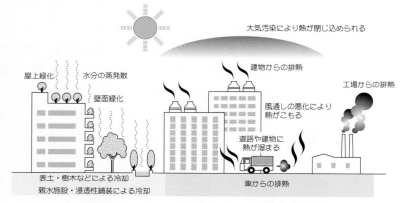

図3-28 ヒートアイランド現象の原因（右）と緩和（左）
資料）空気調和衛生工学会「環境と空気・水・熱」
HP（http://www.shasej.org/air/air.html）より作成

（2）集住地の緑化

　都市の緑化について，19世紀から20世紀にかけての英国では都市と農村の長所を融合しようとする，エベネザー・ハワードの「ガーデン・シティ（田園都市）」が構想された．その背景としては，産業革命の進展にともなう労働者の都市への過度の集中と，彼らの生活環境の劣悪化があった．

　今日私たちの都市においては，熱容量の大きい材料（コンクリートやアスファルトなど）によって，地表は日射熱が蓄えられると同時に，高温・乾燥化を防止する蒸発散のはたらきが低下している．加えて自動車や冷房・OA機器などの排熱によって温度は高くなり，深刻なヒートアイランド現象が頻発することになる．樹木はさきにふれたように炭素を固定し，地球温暖化の防止に役立つばかりではなく，地中から多量の水分を吸い上げ，

葉からの蒸散によって周囲の気温を下げるはたらきがある．都市における緑地・緑化の重要性が一層増しているといえる．

公園の樹木や道路緑化としての街路樹が豊かな緑陰をつくっているまちは，それだけで心が安らぐ．樹木は大気浄化能力もある．大気中の粉塵や汚染物（窒素酸化物，硫黄酸化物など）を葉の表面で吸着し浄化するのである．たとえば私たちがよく目にするイチョウ・ケヤキなどの街路樹はそのようなはたらきもしている．

樹木に花が咲き，実が付くころになれば昆虫や鳥などがやってくる．樹木や草花の緑に水と土が備われば，実にさまざまな生きものたちがそこを棲み処とすることができる．今日，生きものが生息する自然的な領域を人間が意図的につくる手法として，ビオトープがよく知られている．

1970年代にドイツからはじまったこの試みは，多様な野生生物の生息地域（ビオトープ）の生態的・景観的な機能に注目し，生きものとの共生を地域コミュニティづくりに活かしていくものである．小学校の校庭，集合住宅内，企業敷地内，河川敷などにビオトープを造成する例が多いが，個々のビオトープを連続的にネットワーク化するほど効果があらわれるものである．

ビオトープに地域特有の生きものの種を生息させることができれば，全国的に画一化した都市的環境のなかにあって，風土の個別性が維持されることにもなろう．元々，動植物などの自然の生きものは地域的な特色や個別性を持っており，地域の特徴を形成しやすいものである．

今日的なデザイン手法としては，都市の街路，公園，集合住宅内，企業敷地内などの植栽に，イチョウ，ヤマモモ，カリンなど食べることのできる実などが付く草木を選び，生きものたちにとってより豊かな自然環境をつくる試みがある．エディブル・ランドスケープと呼ばれる．緑化に食の要素を取り入れ，自然の循環システムを生活の中に取り戻そうとする手法と考えられる．

また，自然環境の形成に農的営みを組み入れようとするパーマ・カルチャーというデザイン手法がある．パーマ・カルチャーという語は，パーマネント（永続性，持続性）＋アグリカルチャー（農業）の造語であり，カルチャー（文化）の含意もある．1970年後半，オーストラリアの生物学者ビル・モリソンとデビッド・ホルムグレンによって提唱された．永続的・自足的な農的営みを通して持続的な食糧生産と自然環境の形成をめざすものであるが，たんに農業や環境デザインにとどまらず，人間の暮らし方全体への主張を含んでいる．産業化以前の社会の持続可能な暮らし方から，脱産業化社会に活用できるモデルを見つけようとしており，エネルギー・資源を大量消費する今日の産業化社会の文化をシフトさせ，「永続的な文化」をめざす試みでもある．

（3）地域の「里山」

　私たちの住む市街地や集落近くの山なみ・林地などの緑地を里山と呼ぶことがある．今日，里山には地域によってアカマツ林やコナラ・クヌギなどの雑木林がひろがり，林内にはツツジ類やササ類などが生育しているが，一般には管理・利用がされず放置されたままのものが多い．

　従来，里山は住生活にはなくてはならない林地であった．家々が煮炊きや風呂を沸かすための薪をとり炭材を伐り出す林であり，石炭・石油にとって代わられるまでエネルギー源の大半を担った場所である．林内の枝・落ち葉・下草は，田畑への肥料にもなった．

　里山の樹木は建築部材・家具などの用材となり，茅は共同体が協働して民家の屋根（茅葺屋根）を葺く際の材料にもなった．竹は土壁の下地材や竹垣，竹細工の材料としても使われた．そこでは周期的に繰り返される伐採と再生更新によって資源の循環的・持続的な利用が成立していたのである．

　また山菜やマツタケなどのキノコが採取され，山裾の竹林ではタケノコ狩も楽しめた．子どもたちは夏になれば，セミをはじめ，カブトムシやクワガタムシなどの昆虫採集に熱中することができた．里山は町内の人びとが連れだって，春には花見，秋には紅葉狩りと，四季の豊かな自然と触れあう遊楽・遊山の場であり，同時に私たち共同体の伝統的な感受性を育む場でもあった．

　里山は，生物的にも多様であるが，人間が自然に順応しながら繰り返しはたらきかけ利用してきた「人間の手の入った自然環境」であり，地域の伝統に触れあうことができる文化的環境でもあり，共同体と結ばれた社会的環境でもあった．

　今日では，薪炭や堆肥に代わって化石燃料・化学肥料が普及することにより里山の担ってきた大切な役目は途絶え，さらには農林業の衰退によって里山は放置され荒廃が進行している．

　里山は宅地・工場用地・リゾート地などの開発によって減少し，草花・鳥獣・昆虫も生きる場所を失いつつある．また管理が行き届かないため，林床は裸地化し，洪水調節や水質の浄化，水源涵養能力も低下しているのが現状である．

　しかし地球環境問題に対応したエネルギー循環型の社会が目指される今日，従来の里山の多面的なあり方が見直され再評価が高まるとともに，あらたな試みも始まっている．多くの試みがいまだコストの問題を抱えているが，たとえば，自然素材への嗜好に応える林業，小型分散型のバイオマス発電，ストーブ用のチップ（木質ペレット），燃料としてだけではなく，脱臭・吸湿・水質浄化・土壌改良などの多機能が見直されている炭の生産などである．レクリエーション・交流・憩いの場として，あるいは，子どもたちの不思議さへの心（センス・オブ・ワンダー：レイチェル・カーソン）を呼び起こし，自然への親和的な感情や，畏敬すべきものへの感性をはぐくむ場などとして，里山を利用する実例はすでに各地に存在する．たんに従来の里山に戻すだけではない，あらたに多様なはたらきを持たせる試みである．

地域の自然環境である里山は，地域のコミュニティの再生や創出とも結びつくものである．維持管理をするにしても地域の人びとが何を望み，何を目ざすかによって様相が異なってくる里山は，地域のコミュニティを必要とするからである．

　ところで，「里山」はそのひろがりを厳密に線引きすることが難しく，定義も簡単ではない．里山を上で述べた林地よりも大きなひろがりとして捉える試みもある．たとえば，上記の里山（里山林）に加えて，水田，畦，ため池，用水路，茅場などまで含めた農業環境を「里山」と定義したり（田端英雄『里山の自然』1997），さらには里山に加えて農地・集落まで含めた農村景観を「里地」と称すること（竹内和彦『里山の環境学』2001）もある．環境省自然環境局は，「里地里山とは，原生的な自然と都市との中間に位置し，集落とそれを取り巻く二次林，それらと混在する農地，ため池，草原などで構成される地域（中略）．里地里山は，特有の生物の生息・生育環境として，また，食料や木材など自然資源の供給，良好な景観，文化の伝承の観点からも重要な地域」という捉え方をする．

　これらの拡大された里山概念は，国土・自然の保全が農林業などの産業とともに進展しなければならないことや，生物多様性の確保が，よりひろがりのある地域の生態系を必要とすることなどを背景にしている．

　どのような社会的なシステムで里山の維持・管理を行うかなど，多くの問題が解決されなければならないが，このような地域の残された自然環境には，私たちの住生活にとっての多くの可能性が潜在するのをうかがい知ることができる．

図3-29　地域の里山

column

韓国の里山―マウルスプ（集落林）

　お隣りの国，韓国において，日本の「里山」に類似したものとして，「マウルスプ」をあげることができます．マウルスプは人間の居住域の周辺にあり，人工的に造成され維持されてきた集落（マウル）の樹林帯（スプ）を意味します．

　マウルスプは生きものたちにとって大切な場所であり，従来は燃料・肥料・食料の採取地であったことは，日本の里山と同じです．燃料としてマツを用いたオンドル（伝統的な床暖房）をはじめ，建築材料など人々の一生をさまざまな形で支えた「マツの文化」はこの集落林と深く結びついていました．

　マウルスプは単なる防風林や護岸林の場合もありますが，何よりも特徴的なことは，今日でも次のように集落の人々の歴史的な信仰や文化的な生活と結びついていることでしょう．

　マウルスプには風水思想に従って地形を補完する（ヒボという）ために造成されたものがしばしば見られます．また，その林内には土着的巫俗信仰の老巨木や工作物（長い竿状のもの，石を積み上げたもの，石柱，怖い顔を刻んだ木柱など）が神域として点在し，敬虔な雰囲気のなかで今日でも集落の人々の信仰を支えています．さらには先祖たちが造成し維持してきた集落林を，その子孫たちが儒教的な「孝」に従って今日大切に管理維持しているものもあります．

　マウルスプは休息やリクレーションの場所でもあり，現在でも休息場所として四方吹き放しの亭（あずまや）建築がよく建てられていますが，従来，亭では宴会を催し飲食し，楽器を奏で歌い，子弟教育なども行われていました．「亭の文化」もまたマウルスプと結びついていたわけです．

　一般に日本の里山に比して小規模である韓国のマウルスプは，生物生態学的な個別性とともに，その地域の人々の宗教的文化的な生活とも深く結びついてきたといえるでしょう．今日韓国でも日本の里山と同じように，マウルスプ保全のための市民運動が展開されています．山林庁では対象を選定し，植樹などの復元事業を行い，また文化財庁が文化財（天然記念物，植林地）の指定をしたマウルスプもあります．

写真1　慶尚南道固城郡馬岩面章山里
集落前方の風水思想上のマウルスプ

写真2　慶尚北道安東市豊山邑素山里
前方の巨木は土着信仰の神域，後方は亭建築（三亀亭）

6 ▷ 物理的な生活環境と健康

1 圧力（気圧）と健康

　高度が上昇すると，気圧が低下し，酸素濃度も低くなる．そのようなところで起こる健康障害として高山病，航空病がある．高山病は標高 2,500 m 以上の高所の低圧低酸素環境に適応できずに起こる障害で，頭痛，食欲不振，吐き気，嘔吐，疲労，脱力感，めまい，手足のむくみ，睡眠障害などの症状が見られる．重症型として高地肺水腫と高地脳浮腫に注意が必要である．航空病は気圧調整設備のない航空機で高度上昇につれて起こる．酸素不足が主因で，頭痛，めまい，吐き気，だるさ，記憶力減退，呼吸困難などの症状が見られる．

　逆に潜水や潜函作業は高圧環境となる．この際，常圧から加圧されることによる障害，高気圧下に滞在することによる障害，高圧から常圧に戻るときの減圧による障害があり，3 つを合わせて高気圧障害と呼ぶ．水深 10 m ごとに人体は 1 kg/cm² の水圧を受ける．

　もし人体にかかる圧力が均等であれば生理的変化は起きないが，均等でないと，組織の変形，うっ血，浮腫，出血，疼痛などが生じる．これを広義の締め付け障害とよぶ．また，気体の分圧が高くなることにより酸素中毒や窒素酔いになる．減圧による障害が減圧症（潜水病，潜函病）で，高気圧時に体組織に溶け込んだ窒素が，減圧時に過飽和状態となり気泡を形成して血流阻害や組織の圧迫を起こす．皮膚症状，関節痛，呼吸困難，麻痺が見られる．

高山病　　　　　　　　　　　　　減圧症

2 温度（気温）と健康

　人にとっての快適な温度は気温，気湿（相対湿度），気流，輻射熱（太陽や人工的な熱源から放射される熱エネルギー）に関係している．人間の寒暑感と対応させ総合評価したものに実効温度や不快指数などがあるが，完全なものではない．また，特に高温環境の指標として労働や運動時の熱中症の予防措置に用いられているものに WBGT（湿球黒球温度）がある．これは乾球温度，湿球温度および黒球温度により次の式で算出され，「暑さ指数」ともいわれる．

屋外で日射のある場合

WBGT ＝ 0.7 ×湿球温度＋ 0.2 ×黒球温度＋ 0.1 ×乾球温度

屋内または屋外で日射のない場合

WBGT ＝ 0.7 ×湿球温度＋ 0.3 ×黒球温度

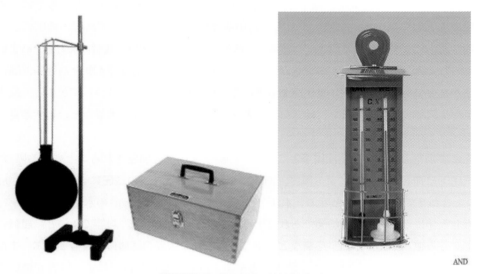

図3-30 黒球温度計と乾湿温度計

出典）（株）安藤計器製工所 HP（http://www.ondokeiki.co.jp/）

　高温による健康障害に熱中症がある．熱中症とは，高温・高湿・高熱の環境下で，体内の水分や塩分（ナトリウムなど）のバランスが崩れたり，体内の調整機能が破綻するなどして発症する障害の総称で，熱射病（日射病），熱虚脱（熱疲はい），熱けいれんに分類される．高温環境下では，皮下血管の拡張や発汗が促進し，機能維持を図ろうとするが，限度を超すと体内の水分や塩分が失われるなどの状態に対して，体が適切に対処できなくなり，筋肉のこむらがえりや失神（いわゆる脳貧血：脳への血流が一時的に滞る現象）を起こす．そして，熱の産生と放出とのバランスが崩れて体温が著しく上昇するなどの症状が起こる．時には死にいたることもある．近年，ヒートアイランド現象や地球温暖化によって患者数が増加している．

　一方，低温による健康障害には，凍瘡（しもやけ），凍傷，凍死などがある．寒さのために体温が奪われると身体は熱を産生して体温を維持するが，それが不可能になると低体温となる．これがさらに進み身体に障害を生じると低体温症となり，最終的に凍死することとなる．低体温症は必ずしも極端な寒冷下でのみ起こるとは限らず，冷たい水の中，濡れた衣服による気化熱，屋外での泥酔状態といった条件でも発生しうる．凍傷は身体の一部が氷結して組織が損傷したものである．凍瘡はこれとは原因が異なり，凍結するほどでない寒冷刺激のため，皮膚の血管が収縮し血行が悪くなり生じる炎症のことである．

3 重力と健康

　地表付近では，どんな物体でも地面の方向への力を受けている．リンゴが木から落ちるのを見て，ニュートンが万有引力を発見したというのは有名な話だが，2つの物体の間に働く力が引力である．地球は自転しているので，地球上の物体にはさらに遠心力が働いている．引力と遠心力を合わせた力が重力である（図3-31）．地球の周りを回転している人工衛星では，重力と遠心力とが互いに打ち消し合うため，重力がゼロの無重力状態となる．また，ワイヤーの切れたエレベーターのように落下する箱の中でも無重力になる．近年いろいろな実験が行われている宇宙ステーションのなかでは地上重力の100万分の1程度の無重力状態が実現できる．このような地球上と異なった重力環境の中では，人間の身体にもいろいろな変化や障害が起こる．

　まず，微小重力環境では，加速度を感知する内耳の「前庭器官」からの情報をたよりにして身体のバランスをとることができない．このために「宇宙酔い」が起きるのではないかといわれている．数日で脳が環境に慣れ，宇宙酔いはおさまる．しかし，地球に帰還する際には，また再適応するために2週間ほどかかる．

　また，人間の体液は地上では重力により身体の下側に向かって引っ張られているが，宇宙では引っ張られないので顔がむくむ．こうした状態に対して，身体は体液の全体量を減らして適応する．逆に，地上に帰還したときの宇宙飛行士は血液を重力に逆らって頭部まで循環させることが難しくなっているために，起立性低血圧（立ちくらみ）を起こすことがある．また，宇宙では心臓の血液を送り出す力が少なくてすむため，心臓の筋肉が衰えてしまうことも起立性低血圧を起こす要因の1つと考えられている．

　さらに，微小重力環境では歩く必要がなく，壁を手で押して移動するようになるため，特に下肢の筋肉に萎縮が目立つ．筋肉が衰え，骨からはカルシウムが溶け出して，尿や便中に排泄される．骨量の減少は骨折の可能性を高めるほか，尿中にカルシウムが流れ出すと尿管結石を引き起こす可能性がある．

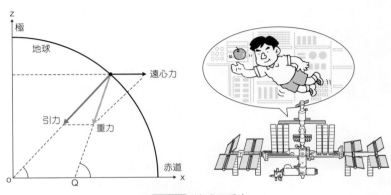

図3-31 地球の重力

4 電磁波と健康

電磁波とは電気と磁気の両方の性質を持つ「波」のことで，光や電波などは電磁波である．波長や周波数によりいろいろな種類がある．周波数とは1秒間に繰り返す波の回数をいい，単位はヘルツ（Hz）であらわす．また，波長とは波の山から山または谷から谷までの距離をいう（図3-32）．

波長の短い方から，ガンマ線・X線・紫外線・可視光線・赤外線・電波などがある．波長が短いほどエネルギーは大きい（表3-3）．

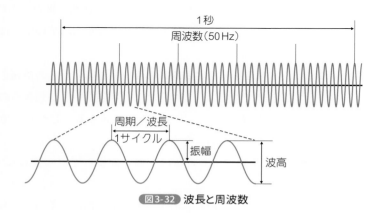

図3-32 波長と周波数

表3-3 電磁波の種類と利用

		種類		周波数（Hz）	波長	利用例
電磁波	放射線	ガンマ線		3×10^{18}	10 pm 以下	医療
		X線		3×10^{16}	1 pm − 10 nm	材料検査・エックス線写真
	光	紫外線		3×10^{15}	10 − 400 nm	殺菌灯
		可視光線		3×10^{13}	360 − 830 nm	工学機器
		赤外線		3×10^{12}	0.7 − 1000 μm	赤外線ヒータ
	電波	サブミリ波	マイクロ波	3×10^{11}	0.1 − 1 mm	光通信システム
		ミリ波（EHF）		3×10^{10}	1 − 10 mm	レーダ
		センチ波（SHF）		3×10^{9}	1 − 10 cm	電子レンジ，携帯電話
		極超短波（UHF）		3×10^{8}	10 cm − 1 m	警察・消防通信，テレビ通信
		超短波（VHF）		30,000,000	1 − 10 m	FM放送，テレビ放送
		短波（HF）		3,000,000	10 − 100 m	アマチュア無線
		中波（MF）		300,000	100 m − 1 km	AM放送
		長波（LF）		30,000	1 − 10 km	海上無線，IHクッキングヒーター加熱部
		超長波（VLF）		3,000	10 − 100 km	長距離通信
	電磁界	超低周波（ELF）		50/60	5,000/6,000 km	送配電線，家庭電化製品

※周波数，波長は各種類における概数値を示す．
資料）北海道電力 HP（http://www.hepco.co.jp/）より作成

ガンマ線やX線などの放射線は電離放射線に分類され，少ない線量ではがんの治療など医療分野で使用される．電離放射線の人体への影響は，放射線量，受けた場所，時間的経過などでさまざまである．急性障害としては，白血球の減少，皮膚の紅斑，水疱，潰瘍，脱毛，全身の疲労，頭痛，吐き気などの症状がある．また，胎児の発生障害，不妊などもみられる．数か月から数年以上経ってからみられるものとして，白内障，緑内障，白血病，がんなどがある．紫外線については，第5章5.1オゾン層破壊のところで解説する．

強い可視光線は目の網膜に障害を与える．特に青，藍，紫の色の影響が大きい．障害は光線の強さ，瞳孔の散大度，暴露の時間に依存する．

レーザー光線は，可視光線を中心に紫外線や赤外線も利用する単一波長で強い指向性を持つ光線である．微小溶接，外科用メス，通信，探査などに使われている．眼に当たると網膜に火傷を起こし，失明の危険性もある．

赤外線は約 0.7 ～ 1,000 μm の波長の電磁波で熱作用を持っている．強度の場合，皮膚に火傷を起こす．また，溶接工，冶金工，ガラス工など多量の赤外線に曝される作業者に白内障を発生させることがある．予防には防護眼鏡を着用する．

マイクロ波は生体深部に吸収され熱作用を起こすので，高強度では，白内障，皮膚火傷，深部発熱を起こす．マイクロ波は電子レンジや携帯電話など身近なところで使用されているので，低強度のマイクロ波の健康への影響について心配されているが，まだはっきりした結論は出ていない．

第4章

日本における環境問題

　我が国では，かつて水俣病やイタイイタイ病など産業公害による甚大な健康被害が発生した．その後，種々の規制により産業公害を克服したが，急速な都市化の進展によって都市・生活型公害が顕在化することとなった．また，現代の先進工業諸国を中心とするエネルギー多消費型の産業構造や生活様式が原因で，一国では解決が困難な地球環境問題と向き合うこととなった．こうした我が国の環境問題の大きな流れについて理解して欲しい．また，一見正常に見える現在のわが国の環境について，どのような問題が内在しているのかを考えて欲しい．

　この章では，我が国における環境問題の変遷，そして大気，水質，騒音，振動，悪臭などの環境の現状や対策について学ぶ．さらに，環境問題の重要な課題として，放射能汚染および地球温暖化問題に密接に関係する我が国のエネルギー政策について触れた．

1 ▷ 日本の環境問題の変遷

　産業の進展に伴う公害問題の顕在化とその克服，急速な都市化に伴う都市生活型公害の顕在化，開発が環境に及ぼす影響の事前評価制度（環境アセスメント）の法制化，そして地球環境問題への対応など，我が国の環境行政を巡る状況は大きく変化してきた．環境問題の解決のためには，産業界や市民の努力が不可欠であるが，ここでは環境行政について歴史や組織，規制の手法などについて述べる．

1 環境問題の歴史と行政対応

　環境汚染と経済の結びつきは強い．かつて，経済活動の拡大に伴い環境破壊が進み，公害として人々の健康や生活環境に甚大な被害を与えた．

（1）公害問題のはじまりと広がり

　我が国の公害紛争の原点は「足尾銅山鉱毒事件」である．明治時代，殖産興業政策によって我が国は，急速に工業化を進めることとなった．しかし，公害対策を伴わない工業化は，大気汚染や水質汚濁の原因となり，農業被害や健康被害などの発生を見るに至った．足尾銅山鉱毒事件はそうした中で発生したが，当時は原因企業と被害住民との直接交渉が主要な紛争解決手段であった．

　その後，工場の一定地域への集積や都市化による人口の集中は，公害の広域化をもたらした．そのため大正時代から昭和のはじめにかけ，自治体による公害防止対策が始まる．例えば大気汚染関係では，1922年に大阪市が広域大気汚染調査を開始し，1932年に煤煙防止規則を公布している．その後，京都府，兵庫県が同様の措置を講じている．また，1935年に東京府（現在の東京都）は煤煙防止指導要綱を作成している．この時代は都市部での公害の激化に，地方自治体が規制制度をつくり対応していた時代といえる．公害対策が自治体からはじまったことに注目すべきである．

（2）高度経済成長と産業公害の顕在化

　第二次世界大戦後，経済復興とともに工業地帯を中心に大気汚染や水質汚濁が深刻化していった．経済活動の急速な進展の一方で何ら公害対策が実施されなかったことに起因する．1950年代に公害苦情が増加し，住民運動が活発化した．多発した住民陳情の矢面に立った地方自治体は，その対応のため新たな公害規制を行った．1949年に東京都が工場公害防止条例を制定し，1950年には大阪府，1951年には神奈川県がそれぞれ同様の条例を制定した．しかし，工場公害に関する基準を具体的に定めていなかったこと，立ち入り検査などを実施するための行政側の体制が十分でなかったことなどもあり，目覚しい効果をあげるまでにいたらなかった．公害対策がおくれる中，1958年に本州製紙江戸川工場の排出水を原因として漁業被害が発生し，同工場に漁民が乱入する事件が起こった．

この事件を契機に，「公共用水域の水質の保全に関する法律」，「工場排水等の規制に関する法律」（水質2法）が定められ，法律による公害規制が始まった．しかし，制度はつくられたものの規制が十分でなく，また人口や産業の集中が一層進行したため，規制の効果は十分に発揮されなかった．この間，1953年に水俣病，1955年にイタイイタイ病の存在が明らかになり，その原因が判明するにしたがい，公害問題への国民の関心が急速に高まった．

　こうした状況の中，1967年に公害対策基本法が制定され，我が国の公害対策が本格的に始まることとなった．公害対策基本法では，大気汚染，水質汚濁，土壌汚染，騒音，振動，地盤沈下，悪臭を典型7公害とし，国，地方自治体，事業者の責務などを定め，さらに人の健康を保護し，および生活環境を保全するうえで維持されることが望ましい基準として環境基準を定めることとされた．1969年に大気環境基準として硫黄酸化物に関する環境基準が設定され，その後一酸化炭素に関する環境基準などが順次設定された．しかし，公害対策基本法には「生活環境に係る基準を定めるにあたっては，経済の健全な発展との調和を図るよう考慮するものとする」（第1条第2項）という経済との調和条項があったため公害規制がなかなか進まなかった．1968年に大気汚染防止法が制定されたが，同法施行後も全国的な光化学スモッグの多発など，未規制物質による大気汚染が依然として発生し，他の公害問題も含めて反公害の世論が全国的に高まった．

　1970年12月の第64回国会（いわゆる「公害国会」）で，公害対策基本法や大気汚染防止法を含む既存の公害関係諸法が大幅に改正された．最も大きな改正点は，公害対策基本法の経済との調和条項が削除されたことである．公害防止対策を最優先課題とする体制ができあがったといえる．1971年には環境庁が設置され，政府の公害防止対策が本格的に始動しはじめた．その後，個別の公害対策が進められ，産業に起因する公害が終息に向かっていった．1999年に環境庁は環境省となった．

図4-1 本州製紙江戸川工場の
悪水放流に対する抗議活動を行う漁民
（浦安市ホームページ）
資料）千葉県浦安市HP
（http：//www.city.urayasu.chiba.jp/）

図4-2 1970年ごろの豊洲埠頭
（東京都江東区）の臨海コンビナート
（写真集「東京の公害風景」）
資料）東京都環境局HP
（http：//www.kankyo.metro.tokyo.jp/）

（3）産業公害から都市・生活型公害へ

公害規制の効果によって産業公害は終息へ向かったが，水質汚濁や大気汚染，騒音など
は新しい課題に直面した．

経済の発展は同時に人口の都市への集中を加速した（図4-3）．都市化の著しい進展の中
で，下水道などの生活インフラの整備が遅れ，生活排水が汚染源となり東京湾などの内湾
や湖沼など閉鎖性水域の水質汚濁が進行した．また都市内自動車交通量の増大によって排
気ガスによる光化学オキシダントが発生，自動車交通騒音や振動，廃棄物の増大などが問
題化した．これらは都市化や生活活動に伴う環境負荷であるため都市・生活型公害と呼ば
れる．

経済協力開発機構（OECD）は，定期的に加盟国の環境政策について調査・評価を行っ
ている．OECD が 1977 年に報告した「日本の環境政策」では，「産業公害のウエイトが
高い汚染因子については減少傾向にあるが，窒素酸化物，BOD，COD など都市・生活型
公害のウエイトが高い汚染因子については大きな改善はみられない．」という趣旨の指摘
を行った．この報告を契機に，我が国において都市・生活型公害への関心が高まり，1980
年の環境白書において初めて都市・生活型公害への対応について記述された．

都市・生活型公害は，不特定多数の消費者・生活者が加害者となり，地域環境を悪化さ
せると同時に，その環境悪化の被害者となる構図を有している．加害者と被害者が同一で
区別できないというのが特徴である．産業公害については，個別の事業者に対し排出規制
を行う発生源対策が顕著な効果をもたらしたが，都市・生活型公害では発生源が不特定多
数という点で排出源対策が難しいという特徴を持つ．

自動車，鉄道，飛行機などの移動発生源に対しては，大気汚染や騒音の防止のための
個別の発生源対策，また生活者には環境にやさしいライフスタイルの確立などポリシー
ミックス（いくつかの政策手段を同時に使い，政策目的を実現すること）による対応が
必要となった．

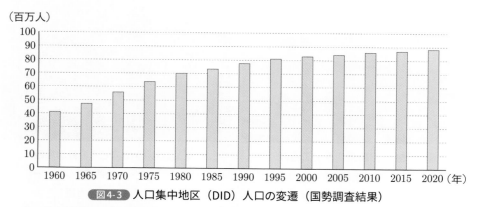

（百万人）

図4-3 人口集中地区（DID）人口の変遷（国勢調査結果）

＊人口集中地区は国勢調査の結果をもとに算出されている．
令和2年度の国勢調査結果では，国土面積の3.5％に人口のおよそ70％が集中している．

（4）環境基本法の成立と地球環境問題への対応

　1970 年代に酸性雨などグローバルな環境問題が注目されるようになった．1980 年代に入ってからは温暖化問題など地球環境問題が喫緊の課題として浮上してきた．都市・生活型公害や地球環境問題は，大量生産，大量消費，大量廃棄型の社会経済活動に大きくかかわっている．

　1992 年にブラジルで，環境保全と持続可能な開発を目指す「国連環境開発会議（地球サミット）」が開催された．地球サミットでは，21 世紀に向けて持続可能な開発を実現するための行動計画アジェンダ 21 を採択し，行動原則をまとめたリオ宣言を採択した．

　リオ宣言を踏まえ，環境施策の枠組みを再構築するため公害対策基本法を見直し，1993 年に環境基本法が制定された．環境基本法では，それまで 2 つに分かれていた公害法と自然保護法の法体系を統一し，総合的な法体系とした．

　環境基本法で特徴的なことは，持続可能な開発の考え方を取り入れたことである（第 4 条）．これは，従来の大量生産，大量消費，大量廃棄の見直しを行うという大きなパラダイム転換である．また，規制的手段（第 21 条）だけでなく経済的手法（第 22 条）も取り入れたこと，法定計画として政府が環境基本計画を策定することを義務付けたことなどが特徴である．

　1997 年には，大規模な開発が環境（自然環境を含む）に及ぼす影響を事前に評価する環境影響評価法が制定された．また，持続可能な開発を実現するために，1999 年には，環境基本法の考え方をもとに循環型社会形成推進基本法が制定され，資源の再使用，再利用などリサイクルのより一層の推進を図ることとなった．また，2008 年には生物多様性基本法が制定され，生物の多様性の保全および持続可能な利用を図ることとなった．

　地球環境問題は，一国だけの対策で実現するものではなく，国際協調が不可欠となる．環境基本法では，国際的協調による地球環境保全の積極的推進（第 5 条）を掲げている．我が国が有する先進的な技術の応用などを通じて地球環境保全に関し国際貢献を行うことが期待されている．

　地球環境問題の加害者は，現在世代あるいはエネルギーを大量に消費している先進国である．一方，被害者は将来世代あるいは開発途上国が中心となる．環境負荷の原因が私たちのライフスタイルであるという意味では，都市・生活型公害と同じ構造であるが，加害者と被害者の時間的・空間的なギャップが存在する点で異なる．被害者が将来世代という時間的ギャップが被害を見えにくくすると同時に，公害問題のように汚染者負担の原則が適用しにくいことも対策を難しくしている．

　地球環境問題は，将来の問題ではなく，温暖化に代表されるようにその影響が身近に迫っている．持続可能な開発のためには，政府レベルで行う対策のほか私たち自身のライフスタイルの見直しなどさまざまな側面からの対策が強く求められている．

2 環境に関係する法律

　環境保全のためのさまざまな法規制がある．直接的規制や事前対策のための手続きを定めた法律，環境税などの経済的措置を規定した法律もある．

　大気汚染や水質汚濁など個別の公害問題を防止するため，水質汚濁防止法や大気汚染防止法，騒音規制法，振動規制法，悪臭防止法などが定められている．これらは，排水基準や排出ガスの基準を定め，その遵守を通じて，公害を防止しようとする規制法である．

　一方，環境に及ぼす影響が大きい事業の実施にあたって，事前に環境保全措置を講ずるため，環境影響評価（環境アセスメント）の実施を義務付けている環境影響評価法がある．高速道路やダム，廃棄物処理施設などの建設にあたって，建設前の環境の状況を調べ，建設が環境に及ぼす影響を予測し，事前に環境保全対策を行おうとするものである．過去の多くの公害事件の経験から，問題が起きてから対処するより事前に対策を立てた方が経済的にもメリットがあることがわかっている．環境アセスメントは，積極的な環境保全対策を行うための制度といえる．

　経済的手法によって環境を保全しようとする考え方もある．我が国では2012年から地球温暖化問題への対応として，石炭・石油・ガスの化石燃料に対し二酸化炭素排出量に応じて課税する地球温暖化対策税（環境税）が導入されている．また，2019年に森林環境税が創設された．これは，森林の保全を通じて，温室効果ガス排出削減目標の達成や災害防止などを図るための森林整備などに必要な地方財源を安定的に確保することが目的である．

　直接的な規制，あるいは事前対策としての環境アセスメント，経済的手法などさまざまな手法を用い，環境を保全する取り組みが行われている．

環境省が一元的に担当

・公害防止計画
・大気・水質などの規制，環境保全のための監視測定
・公害健康被害の補償など
・廃棄物（廃棄物の処理および清掃に関する法律に規定する廃棄物をいう）対策
・有害廃棄物などの輸出入規制（貿易管理に関することを除く）
・野生生物の種の保存
・・・・

関係府省の施策に環境省が関与

環境保全を目的としない施策でも，環境に影響を及ぼすものには環境省が関与する．

・内閣府　　　　・経済産業省
・文部科学省　　・国土交通省
・農林水産省
・・・・

関係府省が環境省と共同で担当

・化学物質の審査・PRTR・製造規制　　・放射性物質の監視測定
・リサイクル　　　　　　　　　　　　・地球温暖化対策，オゾン層保護，海洋汚染の防止
・公害防止のための施設整備　　　　　・森林・緑地の保全，河川・湖沼・海岸の保全
・工場立地の規制　　　　　　　　　　・環境影響評価
・・・・

図4-4 国の環境政策推進体制

3 環境基本計画

環境基本法第 15 条で,「政府は環境の保全に関する施策の総合的かつ計画的な推進を図るため, 環境の保全に関する基本的な計画である環境基本計画を定める」ことを規定している.

環境基本計画は, 中央環境審議会で審議されたのち, 政府によって閣議決定され公表されている. 第 1 次環境基本計画は 1994 年 12 月に策定され, 現在の第 5 次環境基本計画 (2018 年 4 月策定) まで 6 年ごとに改定されている.

環境基本計画は, その時々の環境保全上の課題を明らかにし, かつその対策を取りまとめたものである. 第 1 次計画から持続可能な開発を目標の中心にしており, そのキーワードは「循環」,「共生」,「多様な主体の参加」,「国際的取組」である.

第 5 次環境基本計画 (2018 年から) では, 少子高齢化・人口減少社会が環境保全の取り組みに深刻な影響を与えているとしているとし, 環境・経済・社会は相互に連関し複雑化しているため, これら 3 要素の統合的向上を図る必要性を強調している.

4 環境基準

環境基準は, 環境基本法第 16 条に基づき「大気の汚染, 水質の汚濁, 土壌の汚染及び騒音に係る環境上の条件について, それぞれ, 人の健康を保護し, 及び生活環境を保全する上で維持されることが望ましい基準」として政府によって定められている. 水質環境基準や騒音環境基準のように類型に分けられている場合があり, 類型の地域指定は国や都道府県, 市 (騒音環境基準のみ) が行うこととされている.

環境基準は, 行政上の政策目標としての基準であるため基準を上回ることがあっても違法というわけではない. 基準を上回った場合は, 基準達成のためにさまざまな施策や規制が行われることとなる.

大気汚染, 水質汚濁, 土壌汚染, 騒音の環境基準とその達成状況は, 現在の我が国の環境の現状を表すものといえる. 環境基準の達成状況の変遷を見ると, 大気汚染や水質汚濁など広域的な環境汚染については, 一部で問題を残すものの大幅に改善されてきたことがわかる. 一方, 騒音や悪臭など都市生活型の環境問題については, 苦情が減少しておらず課題を残している (環境基準とその達成状況は, 各項を参照).

2 ▷ 大気汚染

1 大気汚染とは

　大気汚染とは，産業や交通など人の活動に伴って排出される物質（気体あるいは粒子状物質）が地域あるいは広範囲な大気を汚染することをいう．通常，黄砂や火山の噴火など自然現象による汚染は，大気汚染とは区別している．

　大気汚染物質には，石油や石炭の燃焼に伴い発生する硫黄酸化物，窒素酸化物，浮遊粒子状物質や産業活動で使用される有害物質（ベンゼン，揮発性有機化合物など）がある．大気汚染物質の排出源は，工場や事業場などの固定発生源と自動車排気ガスなどの移動発生源である．我が国では，1950年代の半ば，四日市ぜんそくなど大気汚染物質による公害が発生した．近年，工場・事業場などの固定発生源対策が進んだことによって，自動車排気ガスの影響が目立つようになったが，自動車排気ガス規制やハイブリッド車あるいは電気自動車の導入などによって改善されつつある．

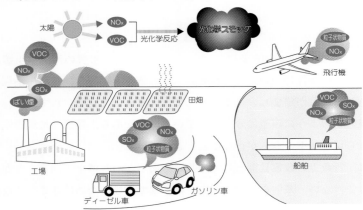

2 大気環境基準とその達成状況

（1）大気環境基準

　大気環境基準は人の健康を保護する上で維持することが望ましい基準として定められている．大気環境基準は，工業専用地域，車道その他一般公衆が通常生活していない地域または場所については適用されていない（表4-1）．

（2）環境基準の達成状況

　大気汚染の状況を把握するために，環境省および都道府県などが一般環境大気測定局（一般局）と交通量の多い幹線道路沿いに自動車排出ガス測定局（自排局）を設置し，常時観測を実施している．常時観測データは環境省によってリアルタイムで一元化され，環境省大気汚染物質広域監視システム（通称「そらまめくん」）で情報提供が行われている．

このデータをもとに環境基準の達成状況が評価されている．**表4-2**は，1980年から2020年までの環境基準達成状況の変化である．二酸化硫黄，二酸化窒素，浮遊粒子状物質，微小浮遊粒子状物質などについては，各種対策によって大幅に改善されてきたことがわかる．しかし，光化学オキシダントについては気象条件が関係することもあり，環境基準達成率が極めて悪いのが現状である（**表4 − 2**）．

表4-1 代表的な大気汚染物質の環境基準

物質	環境基準
二酸化硫黄	1時間値の1日平均値が0.04 ppm以下であり，かつ，1時間値が0.1 ppm以下であること．
一酸化炭素	1時間値の1日平均値が10 ppm以下であり，かつ，1時間値の8時間平均値が20 ppm以下であること．
浮遊粒子状物質	1時間値の1日平均値が0.10 mg/m^{3}以下であり，かつ，1時間値が0.20 mg/m^{3}以下であること．
微小粒子状物質（PM2.5）	1年平均値が15 μg/m^{3}以下であり，かつ，1日平均値が35 μg/m^{3}以下であること．
二酸化窒素	1時間値の1日平均値が0.04 ppmから0.06 ppmまでのゾーン内またはそれ以下であること．
光化学オキシダント	1時間値が0.06 ppm以下であること．

＊ その他有害物質として，ベンゼン，トリクロロエチレン，テトラクロロエチレン，ジクロロメタン，ダイオキシン類などの環境基準がある．

表4-2 大気環境基準の達成率の経年変化（1980-2020年）

大気汚染物質	局別	1980年	1990年	2000年	2010年	2020年
二酸化硫黄	一般局	98.4	99.8	94.3	99.7	99.7
	自排局	NR	95.6	93.8	100	100
一酸化炭素	一般局	99.1	100	100	100	100
	自排局	100	100	100	100	100
二酸化窒素	一般局	96.2	93.7	99.2	100	100
	自排局	61.8	64.3	80.0	97.8	100
浮遊粒子状物質	一般局	29.2	43.1	84.4	93.0	99.9
	自排局	NR	21.2	66.1	93.0	100
微小粒子状物質	一般局	—	—	—	32.4	98.3
	自排局	—	—	—	9.3	98.3
光化学オキシダント	一般局	NR	NR	0.6	0	0.2
	自排局	NR	NR		0	0

＊1 各年の「環境白書」，「環境・循環型社会・生物多様性白書」から作成．

＊2 微小粒子状物質に関する環境基準は2009年9月に告示された．

＊3 環境基準の達成率には，一部に長期的評価に基づく環境基準達成率を含む．

＊4 NR（Not reported）は，環境白書の中にデータが見つからなかったことを示す．

"そらまめくん" を見てみよう

　環境省は，全国の一般環境大気汚染測定局と自動車排気ガス測定局の測定データを 24 時間リアルタイムで提供しています．このシステムは "そらまめくん" と名付けられています．居ながらに全国の大気汚染の状況を見ることができます．

　"そらまめくん" を見ると，真夏の日中は光化学オキシダントの濃度が高いことがわかります．特に都市部において顕著です．また，大気汚染物質として課題のひとつである微小粒子状物質 PM2.5 については，日本全国のデータだけでなく中国や韓国のリアルタイムのデータも見ることができます．中国や韓国のデータと我が国の各都道府県のデータを比べてみるとよいでしょう．中国のデータは在中国米国大使館が測定し公開しているデータ．韓国のデータは韓国環境省が公開しているものです．

――――――――――――――――――――――――――――――――――

　国立環境研究所は，大気汚染予測システム・VENUS を運用しています．PM2.5（後述）やオゾン濃度の予測が地図データで提供されています．日本を中心に東アジア全体の状況を見ることができます．

　https://venus.nies.go.jp/

3 主な大気汚染物質

（1）硫黄酸化物

　石油や石炭などの化石燃料中に含まれる硫黄分が燃焼とともに酸化し，一酸化硫黄（SO）や二酸化硫黄（SO_2）などの硫黄酸化物（SO_x）となる．工場・事業所からのばい煙，自動車の排気ガスなどが主な発生源である．硫黄酸化物は四日市ぜんそくの原因物質であり，高濃度になると呼吸器に影響を及ぼす．また，大気中で水蒸気に溶け，硫酸（H_2SO_4）に変化して酸性雨の原因となる．

　硫黄酸化物対策として，燃料に含まれる硫黄分の除去（サルファーフリー化 = 燃料脱硫）が行われている．揮発油などの品質の確保などに関する法律よって，自動車の燃料として用いるガソリンや軽油は硫黄分が 0.001 % 以下，暖房用に用いる灯油については 0.008 % 以下とされている．また，事業所などから排出されるばい煙については必要に応じ排煙からの脱硫（アルカリと硫黄酸化物を反応させ回収）が実施されている．これらの対策によって，環境基準達成率はほぼ 100 % の水準である．

（2）二酸化窒素

　石油や石炭などの燃焼に伴い，一酸化窒素（NO）や二酸化窒素（NO$_2$）などの窒素酸化物（NO$_x$）が発生する．空気の主要成分は窒素（約78％）と酸素（約21％）である．窒素は常温常圧下では不活性な気体であるが，石油や石炭などの燃焼による高温環境下では，酸素と反応して窒素酸化物（「Thermal NO$_x$」という）となる．燃焼温度が高いほど窒素酸化物が多量に発生する．そのほか，燃料中の窒素が燃焼に伴い酸化されて窒素酸化物（「Fuel NO$_x$」という）となる．窒素酸化物の主な発生源は，事業所などの固定発生源および自動車の排気ガスである．

　二酸化窒素は，慢性吸入により呼吸器系に影響を及ぼすほか，水滴と反応すると硝酸が生成され酸性雨の原因となる．光化学オキシダント（p.79）の原因物質でもある．

　窒素酸化物対策として，事業所などの固定発生源では燃焼の管理や排煙の脱硝（触媒を用いて窒素酸化物を窒素として回収）が行われている．また，窒素酸化物の排出量の多くを自動車の排気ガスが占めるため，自動車排出ガス規制が順次強化されている（図4-5）．

図4-5　ディーゼル重量車（車両重量 3.5 トン超）の規制強化の推移

＊1　2004 年まで重量車の区分は車両総重量 2.5 トン超．
資料）環境白書（2022）

（3）一酸化炭素

　一酸化炭素（CO）は無色，無臭の物質で，燃料の不完全燃焼により生成する．炭火や練炭などの不完全燃焼によっても発生するが，環境中の一酸化炭素の主な排出源は燃焼状態の変動が大きい自動車の排気ガスである．一酸化炭素は血液中のヘモグロビンと強く結合し酸素の運搬機能を阻害する．高濃度ではただちに死に至るが，低濃度（100 〜 200 ppm 程度）では長時間吸引すると軽い頭痛が起きる．

　自動車排出ガス規制によって排ガス中の一酸化炭素濃度の規制が行われており，環境中の一酸化炭素濃度は年々改善されている．環境基準達成率は 100 ％ である．

（4）浮遊粒子状物質

　物の燃焼や破砕，研磨などに伴ってばいじんや粉じんなどの粒子状物質が発生する．また，排出された硫黄酸化物や窒素酸化物，揮発性有機化合物（VOC）などのガス状大気物質が化学反応し，蒸発しにくい物質に変化し粒子化（二次生成粒子）する場合もある．こうした粒子状物質のうち，粒径が 10 µm 以下の粒子は沈降速度が小さく大気中に比較的長期間滞留するため，特に浮遊粒子状物質（SPM：Suspended Particle Matter）と呼ばれている．浮遊粒子状物質は，そのほとんどが気道または肺胞に沈着するため，高濃度の場合は人の健康に有害な影響を与える（図4-6）．世界がん研究機関（IARC）は，浮遊粒子状物質（「微小粒子状物質」を含む）を「人に発がん性がある物質」としている．

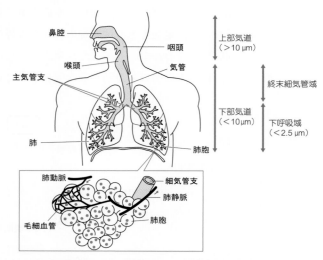

図4-6 人の呼吸器と粒子の沈着領域の概念図
資料）環境省 HP（http://www.env.go.jp/）

（5）微小粒子状物質（PM 2.5）

　浮遊粒子物質（SPM）のうち 2.5 µm（1 µm は 1 mm の千分の 1）以下の小さな粒子を微小粒子状物質（PM2.5）という．微小粒子状物質は，人為起源のものと自然起源の物が存在する．人為起源としては，物の燃焼などによって直接排出されるもの（一次生成）と，硫黄酸化物（SO_x），窒素酸化物（NO_x），揮発性有機化合物（VOC）が大気中でオゾンと化学反応し粒子状化したもの（二次生成）がある．自然起源としては，土壌，海洋，火山の噴火，黄砂などがある．越境汚染による影響もあると考えられている．

　微小粒子状物質の短期曝露および長期曝露は，循環器，呼吸器疾患の原因のひとつとして，また肺がんのリスクを上昇させるといわれている．高感受性者（呼吸器系や循環器系疾患のある者，小児，高齢者など）については，PM2.5 濃度の上昇によって健康影響が現れる恐れがあるため，PM2.5 濃度が日平均値 70 µg/㎥ を超える場合，不要不急の外出や屋外での長時間の激しい運動をできるだけ減らすなどの注意喚起が行われている．

環境基準は,「1年平均値 15 µg/m³ 以下かつ1日平均値 35 µg/m³ 以下」とされている. 浮遊粒子状物質と微小粒子状物質の濃度は, 工場・事業場などに対する規制や自動車排出ガス規制などによって減少傾向にあり, 環境基準の達成状況は, 浮遊粒子状物質ではほぼ100%, 微小粒子状物質では98%台で推移している.

(6) 光化学オキシダント

光化学オキシダントとは, 自動車や工場・事業場などから排出される大気中の窒素酸化物や揮発性有機化合物（VOC）が太陽光線（紫外線）を受けて, 光化学反応により2次的に生成されるオゾンや硝酸過酸化アセチル（PAN）などの物質をいう(図4-7). オキシダントとは酸化剤（oxidizing agent）という意味である. 夏の暑くて日差しが強く風がないときには, 光化学オキシダントが発生滞留しやすく, スモッグ状になることがある. こうした現象を光化学スモッグという. 光化学スモッグが発生すると, 子どもや気管支などに疾患がある人を中心に, 目がチカチカする, のどが痛くなるなどの影響が出る. 都道府県などでは光化学オキシダントを常時測定しており, 光化学オキシダントの濃度が上昇し, 気象条件から光化学スモッグの発生しやすい状況になると, 光化学スモッグ注意報や警報を発令して注意を呼びかけている. 注意報などが発令された場合は, なるべく屋外に出ないようにする, 目やのどに刺激を感じたら洗眼やうがいをするなどの注意が必要である.

光化学オキシダントの生成およびその滞留は, 気象条件に大きく左右される. 前駆物質である窒素酸化物や揮発性有機化合物の削減が進んでいるが, 光化学オキシダントは高い濃度レベルで推移しており, 環境基準の達成状況は1%未満という極めて低い状況である.

光化学オキシダント
（オゾン, PAN など）が発生

光化学反応

光化学スモッグ

・窒素酸化物
・VOC

図4-7　光化学オキシダント

（7）アスベスト

　アスベスト（石綿）は蛇紋石や角閃石など繊維状になった天然の鉱物繊維である．繊維は極めて細く，空中に飛散し粉じんになりやすい．熱に強い，磨耗に強く切れにくい，酸やアルカリに強いなどの性質を持ち，丈夫で変化しにくいため建材（保温や断熱など）や工業製品，家庭用品などに広く使用されてきた．しかし，長期間にわたり高濃度に吸い込むとじん肺（粉じんを吸入する事によって肺に生じる線維増殖性変化を主体とする疾病）が起こる可能性がある．肺がんや中皮腫（中皮細胞由来の腫瘍の総称．中皮細胞由来の組織には，胸膜，腹膜などがある）を引き起こすおそれもある．特に中皮腫との因果関係が疫学的に強く指摘されている．これらの疾病については，アスベストに曝露されてから発症までの期間が非常に長く，肺がんで15〜40年，中皮腫で20〜50年といわれている．

　2005年に，アスベスト使用工場の従業員などに中皮腫が増加していることが判明し大きな問題となり，2006年にアスベストを使用した製品や建材などについて製造，輸入，使用などの禁止措置がとられた．しかし，中皮腫や肺がんについては，曝露から発症までの期間が非常に長いことから，使用禁止以前の曝露に起因して，これからも患者が発生すると考えられている（図4-8）．また，使用禁止前に建物に吹き付けられたアスベストが存在するため，解体などの作業時における飛散防止対策の実施が大気汚染防止法で義務づけられている．

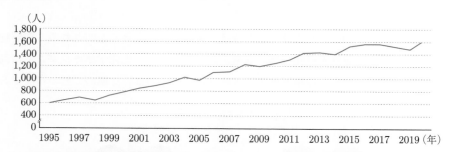

図4-8 中皮腫による死亡数の年次推移（1995年〜2020年）人口動態統計

（8）ダイオキシン類

　ダイオキシン類とは，ポリ塩化ジベンゾ-p-ジオキシン（PCDD）とポリ塩化ジベンゾフラン（PCDF）およびコプラナーPCB（ダイオキシン様作用を示すPCBをいう）の総称である．それぞれにはたくさんの異性体があり物質ごとに毒性が異なる．

　ダイオキシン類は，化学物質の合成の過程で，あるいは物の燃焼の過程で非意図的に生成される物質である．かつては除草剤に不純物として含まれ，あるいは廃棄物の焼却の過程で生成されたダイオキシンが環境中に放出されていた．当初，「世界最強の毒物」と恐れられていたが，その後の疫学調査ではクロロアクネ（塩素挫創・皮膚症状）を除いては人の健康影響に関する明確な結論は得られていない．発がん性については，世界がん研究機関は「人に発がんの可能性のある物質」と評価している．

ダイオキシンの耐容 1 日摂取量は 4 pgTEQ/kg/ 日[*1] である．一方，環境省が実施しているダイオキシンの曝露量モニタリング調査（2011 ～ 2016 年）の結果では，食事からのダイオキシンの摂取量は平均 0.49 pgTEQ/kg 体重 / 日，範囲は 0.035 ～ 2.4 pgTEQ/kg/ 日であった．種々の対策の結果，食品からのダイオキシンの摂取量は減少傾向にある．

４ 大気汚染防止のための対策

環境基準の達成を目標に，大気汚染防止法などで工場や事業場を対象として，ばい煙などの排出規制が行われている．また，自動車の排出ガスが大気汚染の原因となっているため，自動車排出ガス規制が行われている．

自動車排出ガス対策として，電気自動車，燃料電池自動車，プラグインハイブリット車，ハイブリッド車の普及，燃料油の規制強化（サルファーフリー化），自動車の効率的な利用や公共交通機関への利用転換など交通需要マネジメント（TDM），交差点の改良による交通流の円滑化など総合的な対策が実施されている．

電気自動車（EV）やハイブリッド車（HEV）などの普及が著しい(**図4-9**)．我が国は，「2035 年までに新車販売で電気自動車（HEV などを含む）100％ を実現する」との方針を2021 年に打ち出した．EV については，国および一部地方公共団体によって新車購入時に補助が行われている（2022 年現在）．もともと，EV に対する補助制度は低炭素社会の実現を目的にはじまったものであるが，同時に自動車の運行に伴う排気ガスもゼロである．今後，EV の一層の普及が進めば，自動者排気ガスに伴う大気汚染防止に大いに貢献するものと考えられる．

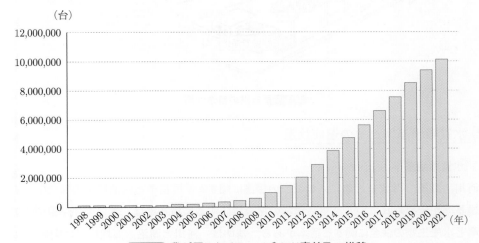

（台）

図4-9 我が国におけるハイブリッド車普及の推移
資料）（一財）自動車検査登録情報協会資料より作成

[*1] 耐容 1 日摂取量は 1 日摂取許容量（p.36 参照）と同じ概念．ダイオキシンはもともと食品中に存在してほしくないものであるため「許容」ではなく「耐容」という言葉が用いられる．「TEQ」は毒性等量，ダイオキシンは異性体によって毒性が異なるため，2,3,7,8- テトラクロロジベンゾ -1,4- ジオキシン（2,3,7,8-TCDD）の毒性に置き換えて示したもの．

3 ▷ 水質汚濁

1 水質汚濁とは

　水質汚濁とは，人間の諸活動の結果，河川，湖沼などの公共用水域へ排出される汚濁物質によって水質が悪化することをいう．もともと河川や湖沼は自浄作用を有している（図4-10）．河川へ排出された汚濁物質は希釈，沈殿，拡散など物理作用を受け，さらに酸化，還元，凝集などの化学作用によって無害化されたり不溶性物質に変化したりする．有機物は微生物によって分解され無機化される．しかし，これらの浄化作用を上回る汚濁物質が河川や湖沼などに流入すると水質汚濁の原因となる．

図4-10 自然の自浄作用

2 水質環境基準とその達成状況

（1）水質環境基準

　河川，湖沼，海域を対象に人の健康の保護に関する環境基準と生活環境の保全に関する環境基準が定められている．生活環境の保全に関する環境基準は，水質環境項目に関する基準と水生生物の保全に関する基準がある．基準は，河川と湖沼，海域に分け定められている．また，地下水についても地下水の水質汚濁に関する環境基準が定められている．

　人の健康の保護に関する環境基準は，カドミウム，鉛，六価クロムなど27の有害物質について定められている．すべての公共用水域に適用され，ただちに達成することとされている．

生活環境の保全に関する環境基準のうち，生物化学的酸素要求量（BOD）[*1] などの水質環境項目に関する環境基準は，河川では利用目的や現状の水質状況を勘案して AA，A，B，C，D，E の 6 類型に，湖沼では 4 類型に分けられ，それぞれの類型ごとに基準を定めている（**表4-3**）．それぞれの河川について，水質環境項目に関する類型指定と水生生物の保全に関する類型指定があわせて行われている．

表4-3 河川の水質環境項目に係る水質環境基準

項目類型	利用目的の適応性	基準値				
		水素イオン濃度（pH）	生物化学的酸素要求量（BOD）	浮遊物質量（SS）	溶存酸素量（DO）	大腸菌数
AA	水道1級 自然環境保全	6.5以上 8.5以下	1mg/L以下	25mg/L以下	7.5mg/L以上	20OFU/100mL以下
A	水道2級 水産1級 水浴	6.5以上 8.5以下	2mg/L以下	25mg/L以下	7.5mg/L以上	300OFU/100mL以下
B	水道3級 水産2級	6.5以上 8.5以下	3mg/L以下	25mg/L以下	5mg/L以上	1,000OFU/100mL以下
C	水産3級 工業用水1級	6.5以上 8.5以下	5mg/L以下	50mg/L以下	5mg/L以上	—
D	工業用水2級 農業用水	6.0以上 8.5以下	8mg/L以下	100mg/L以下	2mg/L以上	—
E	工業用水3級 環境保全	6.0以上 8.5以下	10mg/L以下	ごみなどの浮遊が認められないこと．	2mg/L以上	—

資料）環境基本法第9条の規定に基づく「水質汚濁に係る環境基準」による

　地下水に関する環境基準はすべての地下水について適用され，人の健康の保護に関する環境基準とほぼ同一の物質である 28 項目について基準が定められている．

　地下水に関する環境基準の達成率は悪く，毎年，基準超過が 6% 前後存在する．中でも硝酸性窒素および亜硝酸性窒素の環境基準超過率が高く 3% 前後を占めている．これは，農地における窒素肥料の過剰施肥，家畜排せつ物の不適切な処理および未処理の生活雑排水などが原因と考えられている．さらに，汚染源が主に事業場であるトリクロロエチレンなどの揮発性有機化合物（VOC）についても，依然として新たな汚染が発見されている．

　汚染が確認された井戸については，継続監視調査が行われている．

[*1] 生物化学的酸素要求量（BOD）：BOD とは「biochemical oxygen emand」の略．代表的な有機物による水質汚濁の指標である．微生物が水中の有機物を酸化分解するときに必要とする酸素の量で表したもの．汚濁がひどいほど，その分解に酸素をたくさん必要とする．

（2）環境基準の達成状況

　人の健康の保護に関する環境基準（有害物質）の達成率は，近年99％台で推移している．未達成な項目は，ヒ素，フッ素など自然由来のものが多い．

　生活環境の保全に関する環境基準（水質環境項目）のうち，有機汚濁の代表的な水質目標であるBOD（河川）または化学的酸素要求量（COD）[*1]（湖沼，海域）の環境基準の達成率は，年々改善の傾向を示している．しかし，湖沼では依然として達成率が低い状況にある（図4-11）．湖沼や内湾などの閉鎖性水域では，窒素，リンの流入による富栄養化によってプランクトンが大発生する赤潮[*2]が発生している．また，貧酸素水塊や青潮[*3]の発生が問題となっている．

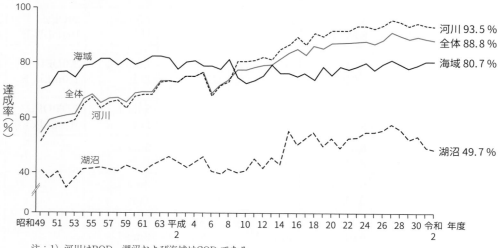

注：1）河川はBOD，湖沼および海域はCODである．
　　2）達成率（％）＝（達成水域数／類型指定水域数）×100

図4-11 環境基準達成率（BODまたはCOD）の推移

資料）環境省「令和2年度 公共用水域水質測定結果」2022より作成

[*1] 化学的酸素要求量（COD）「Chemical Oxygen Demand」の略．海水や河川水の有機汚濁物質などによる汚れの度合いを示す指標．汚濁物質を過マンガン酸カリウムなどの酸化剤で酸化し，消費された酸素量をmg/Lで表したもの．数値が高いほど水中の汚濁物質の量が多い．

[*2] 赤潮　富栄養化によってプランクトンが異常発生し，海や湖沼が変色する現象．増殖したプランクトンによって水が赤くなることから「赤潮」と呼ばれる

[*3] 貧酸素水塊と青潮　一般的に夏季の内湾では，水温や塩分による密度差のため海水の上下間の交じりが悪い．一方で，海底に沈積した有機物の分解によって酸素が消費されてしまう．その結果，内湾下層に貧酸素状態の水塊が形成される．これを「貧酸素水塊」という．貧酸素水塊では，酸素が希薄にしか存在しないため水生生物の生息が困難となる．
　貧酸素水塊が形成されると，嫌気性菌（酸素が存在しない環境を好む細菌）である硫酸還元菌が増殖し硫化水素が産生される．風が吹き，下層水が空気にふれると硫化水素が酸化され，粒子状イオウや多硫化物イオンができる．これらのイオンが海水固有の色と重なりあって淡青色に見える．これを「青潮」という．

3 水質汚濁物質の主要な発生源

　水質汚濁の原因というと工業排水と考えがちである．しかし，工業排水に対する規制が進み，地域によっては生活系の汚濁の方が大きい場合がある．例えば，東京湾，伊勢湾では，COD で見ると生活系排水の汚濁負荷が工業系排水より大きいのが現状である．

(1) 生活排水

　飲用水や生活用水のほとんどは，使用後，し尿および生活雑排水[*1] として排出される．生活雑排水は，台所，風呂，洗濯などの水が大部分を占め，汚濁負荷で見ると台所排水の負荷が最も多い．台所排水には食べ残しや調味料など大量の有機物や洗剤などが存在するため無処理で流すと大きな汚濁負荷が生じる．生活排水による汚濁負荷は，下水道の整備に伴って減少傾向にあるものの，水質汚濁に占める割合は大きい．下水道の整備，生活排水もあわせて処理する合併処理浄化槽の普及などが行われている．

(2) 鉱業，工業排水

　鉱業や工業は水質汚濁物質の主要な発生源である．鉱業は，鉱石から金属を取り出す「製錬」や，その純度を高めるための「精錬」などの工程がある．これらの工程において，鉱石に付着する土や鉱石に含まれる重金属類（銅，鉛，カドミウム，亜鉛，砒素，水銀など）あるいは地質由来の有害元素（フッ素，ホウ素）などが排出される．

　一方，工業はさまざまな業種が存在し，その中には水を多量に使用し，水質汚濁の原因となるものも多い．特に，食料品製造業，繊維製品製造業，パルプ・紙製品製造業，薬品製造業，メッキ業など多くの産業が水質汚濁の原因となる．

　水質汚濁防止法では，水質汚濁を生じるおそれがある施設を特定施設として指定し，特定施設を有する事業場を特定事業場として排水規制を行っている．

　地下水汚染も水質汚濁のひとつである．工場や事業場が原因と推定される有害物質による地下水汚染が発生している．揮発性有機塩素化合物であるトリクロロエチレン，テトラクロロエチレンによる地下水汚染が最も多く，現在でも新たな汚染が見つかっている．トリクロロエチレンは半導体工場などで金属の洗浄剤として使用されていたことから，半導体工場のいくつかで地下水汚染が確認されている．また，ドライクリーニングの洗浄剤として使用されていたテトラクロロエチレンによって地下水汚染が発生している．

　水質汚染防止法では，有害物質による地下水の汚染を防止するため，有害物質の使用や貯蔵の方法などに関する基準を定めている．地下水は一旦汚染されると抜本的な改善が困難で，かつ対策には長期間を要することから，汚染を起こさないことが最も重要である．

[*1] 生活排水　し尿と生活雑排水をあわせて「生活排水」という．(p.43 参照)

(3) 農業・畜産の排水

　農業や畜産業からの排水も水質汚濁の原因となる．工場などが点としての汚濁源であるのに対し，農地などは面としての汚濁源であるため「面源負荷」と呼ばれている．農業による水質汚濁は，水田や畑にまかれた肥料や土壌中の有機物が河川へ流失することによる．また，施肥した窒素肥料が地下へ浸透し，硝酸性窒素や亜硝酸性窒素に変化し地下水を汚染することがある．散布された農薬が降雨に伴い河川へ流失する場合もある．ただし，現在の農薬は，農薬取締法の規定に基づき，登録される際に魚毒性など生態系への影響が厳しく審査されているため，適正な使用がなされていればたとえ流出したとしても水生生物に被害が生じることはない．

　畜産業からの排水は，牛，豚などの糞尿や畜舎の洗浄水などである．これら家畜の糞尿などは，BOD（生物化学的酸素要求量）などの汚濁負荷が大きく，かつ窒素やリンの負荷も大きい．畜舎については，水質汚濁防止法や都道府県条例で排水の規制が行われている．しかし，小規模な畜舎については，排水基準がかからない場合があり，苦情の原因となることがある．

(4) 排水基準・総量規制

　水質汚濁防止法で排水基準が定められている．排水基準は，特定施設を設置する工場や事業場（「特定事業場」という）からの排出水に適用されている．特定施設は，水質汚濁防止法で定められており，水質汚濁物質を排出する施設や設備をいう．

　排水基準は，有害物質に関する排水基準と有害物質以外の排水基準にわかれている．有害物質に関する排水基準はすべての特定事業場に適用されるが，有害物質以外の排水基準は $50 \mathrm{m}^3/$ 日以上を排出する特定事業場のみに適用されている．ただし，都道府県などの条例によって，より少ない排水量の事業場にも排水基準を適用している場合が多い．

　水が滞留しやすい内湾などの閉鎖性水域で，流域に人口や産業が集中している場合は，汚濁が著しく，生活環境の保全に関する環境基準の達成率が悪い．こうした地域については，閉鎖性海域に流入するすべての河川の流域を対象にCOD（化学的酸素要求量）や窒素，リンなどの総量規制が行われている(**図4-12**)．現在，東京湾，伊勢湾，瀬戸内海が総量規制の対象となっている．総量規制は，内湾等に流入する汚濁負荷量の総量を決め，関係する地域の個々の工場や事業場に汚濁負荷量を割り当てる制度である（コラム「濃度規制と総量規制の違い」参照）．

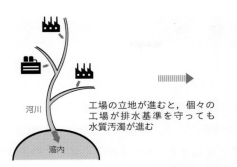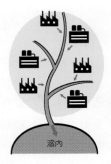

河川

工場の立地が進むと，個々の
工場が排水基準を守っても
水質汚濁が進む

湾内

流入する総汚濁付加量
を決め，それを流域内
の各工場へ割り振る

湾内

 総量規制のイメージ

column

濃度規制と総量規制の違い

　水質汚濁防止法では，工場や事業場からの排水について規制を行っています．排水規制には2つの方法があります．「濃度規制」と「総量規制」です．

　水質汚濁防止法の排水基準は濃度規制です．例えば，排水基準が1mg/L以下だとします．実際の排出水の濃度がこれ以下であれば適法ということになります．極端に言えば，多量の水で薄めれば排水基準をクリアすることになります．しかし，排水基準（濃度）をクリアしていても排水量が多いと汚濁物質そのものの排出量は膨大になる可能性があります．そのため，湖沼や内湾のように汚濁物質が滞留しやすく水質の汚濁が進みやすい場合は，濃度規制では不十分です．

　そこで，排出する汚濁負荷量の総量を規制するという方法がとられます．1日当たりに排出できる汚濁負荷量の総量を規制するため「総量規制」と呼ばれています．例えば，10mg/日以上の汚濁物質を排出してはならないという規制が行われます．もし，濃度1mg/Lであれば，10Lしか排出できないことになります．

　総量規制の方が排水規制としてはより厳しい規制です．また，新規に立地する事業場には既存の事業場よりも厳しい規制を行うことができるため，総量規制は工場などの新たな立地の抑制にもつながります．

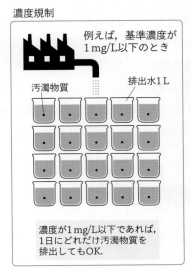

濃度規制

例えば，基準濃度が
1mg/L以下のとき

汚濁物質　　　　　排出水1L

濃度が1mg/L以下であれば，
1日にどれだけ汚濁物質を
排出してもOK.

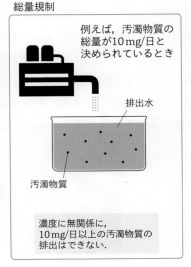

総量規制

例えば，汚濁物質の
総量が10mg/日と
決められているとき

排出水

汚濁物質

濃度に無関係に，
10mg/日以上の汚濁物質の
排出はできない.

4 ▷ 騒　音

1 騒音とは

　騒音は，私たちをとりまく音のうち人にとって好ましくない音をいう．したがって，ある音を騒音と感じるかどうかは主観的な判断が入る．ある人にとっては心地よい音が，他の人にとっては非常に気になるということが起きる．わが子が弾くピアノの音は気にならないのに，隣の家から聞こえるピアノの音はうるさいと感じるなどがその例である．また，最初は気にならなかったのが，だんだんと気になり始めるということもある．公害苦情の中で騒音苦情が占める割合は高く，またその解決も難しい．

2 騒音の人体への影響

　騒音は人に対しさまざまな影響を与える．音の大きさやその音が発生する状況に応じて，会話ができない，あるいは安眠できないなどの日常生活妨害を引き起こす．生活妨害が積み重なると，気分がイライラする，腹が立ちやすいなど精神・情緒的影響が現れ，さらに進むと自律神経系への影響や内分泌系などへの生理的影響，頭痛や胃腸の不調，耳鳴りがするなどの身体的影響が現れる．また，激しい騒音に長時間さらされると，一時性難聴や永久性難聴となる場合がある．日常生活の中での騒音で難聴が発生することはないが，大きな騒音が発生する職場では注意が必要である．

3 騒音環境基準とその達成状況

　騒音の環境基準は，一般地域の環境基準，幹線道路に面する地域の環境基準，新幹線鉄道騒音に係る環境基準，航空機騒音に係る環境基準に分かれる（表4−4）．
　一般地域の環境基準は，騒音発生源として工場や事業場を念頭においた環境基準である．住宅や商業など土地利用の形態によって類型に分かれており，類型指定は都道府県知事（市域にあっては市長）が行う．一般地域の環境基準は，建設作業騒音は除外されている．
　一般地域の環境基準，幹線道路に面する地域の環境基準の達成状況はほぼ90％（2020年．以下この項において同じ）である．航空機騒音に係る環境基準の達成状況は89.3％であるが，新幹線鉄道騒音に係る環境基準の達成状況は60.8％と達成率は悪い．

表4-4 騒音に係る環境基準

環境基準	地域の類型	基準値	
		昼間	夜間
一般地域	AA	50デシベル以下	40デシベル以下
	AおよびB	55デシベル以下	45デシベル以下
	C	60デシベル以下	50デシベル以下
道路に面する地域	A地域のうち2軍線以上の道路に面する地域	60デシベル以下	55デシベル以下
	B地域のうち2車線以上の道路に面する地域およびC地域のうち車線を道路に面する地域	65デシベル以下	60デシベル以下
	A，B，C地域のうち幹線交通を担う道路に近接する地域	70デシベル以下	65デシベル以下
新幹線鉄道	Ⅰ	70デシベル以下	
	Ⅱ	75デシベル以下	
航空機	Ⅰ	57デシベル以下	
	Ⅱ	62デシベル以下	

※1　一般地域の AA は療養施設，社会福祉施設等が集合して設置される地域など特に静穏を要する地域，A は専ら住居の用に供される地域，B は主として住居の用に供される地域，C は相当数の住居と併せて商業，工業等の用に供される地域をあてはめる．

※2　新幹線鉄道騒音及び航空機騒音のⅠは主として住居の用に供される地域，Ⅱ はⅠ以外の地域であって通常の生活を保全する必要がある地域．

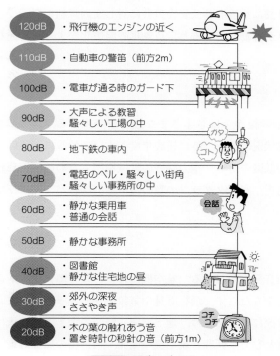

図4-13 騒音の大きさ

4 ▷ 騒　音

（4）主要な騒音発生源とその規制，対策

① 工場・事業場騒音

　騒音規制法では，騒音を規制すべき地域を指定し，土石用鉱物破砕機など騒音が発生しやすい施設を特定施設とし，工場などの敷地境界における騒音の基準を定めている．

② 特定建設作業騒音

　建設作業に伴う騒音苦情が多く発生していることから，騒音規制地域内でのくい打機の使用など 8 つの作業を特定建設作業として，騒音の規制のほか，作業時間（夜間作業の禁止や作業時間の上限の設定）や作業期間（連続して 6 日を超えないこと）などの規制が行われている．

③ 道路交通騒音

　わが国の自動車保有台数は 8,232 万台（2022 年 5 月現在・自動車検査登録情報協会）に達しており，これら自動車の交通に伴う道路沿線地域での騒音が問題となっている．道路交通騒音の環境基準達成状況は，都市圏における高速道路周辺の達成率が悪い傾向にあるが，全体としては改善傾向にある．道路交通騒音対策として，自動車の静粛化など発生源対策（エンジン，タイヤ），遮音壁の設置など道路構造の改善，交通流の円滑化，緩衝緑地帯の設置など沿道対策が講じられている．騒音規制地域内において道路交通騒音が著しい場合は，市町村長は都道府県公安委員会に対し交通規制を要請できることとなっている．今後電気自動車が普及してくると，自動車の静粛化がより一層進むことが期待されている．

④ 新幹線鉄道騒音

　高速で走行する新幹線からはさまざまな騒音が発生する（コラム参照）．新幹線鉄道騒音の環境基準達成状況は悪く，特に建設年度が古い新幹線ほど悪い．

　新幹線鉄道騒音の低減のため，空力騒音の低減を図るための車両形状の改良，転動音対策としてレールの削正，パンタグラフの数の減少や低騒音パンタグラフの導入などが行われている．

⑤ 航空機騒音

　航空機も大きな騒音発生源となる．航空機は地上の騒音源に比べ桁違いに大きな音が発生し，広範囲に騒音をもたらす．飛行重量や気象条件によってエンジン出力が変り，さらに飛行時の大気の状況に影響を受け，地上で聞く騒音の大きさや性状は時々刻々と変化する．航空機騒音対策として，低騒音航空機の開発，飛行場の環境対策（緩衝地帯の設置），住宅の防音工事の助成などが行われている．

⑥ 生活騒音

　私たちの生活に伴いさまざまな騒音が発生する．洗濯機や掃除機など家庭用機器の騒音，風呂やトイレの給排水音，ステレオなどの音響機器の音，話し声やペットの鳴き声などである．集合住宅ではちょっとした音が騒音になる場合がある．昼間は気にならない音でも，深夜には騒音と感じることもある．　生活騒音に関する規制はないが，社会生活を営む上で他人の迷惑になるような音はできるだけ出さないようお互い工夫，配慮することが必要である．また，日頃から良好なコミュニティ（近所づきあい）をつくる努力が生活騒音の解決の近道でもある．

---

column

新幹線と空力騒音（新幹線鉄道騒音）

　新幹線沿線では，新幹線の通過に伴う騒音が問題になっています．特に，最初に建設された東海道新幹線は，騒音対策が十分でない時代に開業したため，いまでも環境基準の達成状況はよくありません．

　新幹線の騒音はさまざまな音が混合しています．電車がカゼを切る音（「空力騒音」という），車輪の転動音，あるいはパンタグラフのスパーク音，高架構造物が発する音などです．このうち，空力騒音（Aerodynamic noise）は新幹線のスピードが増すと，速度の6乗に比例して大きくなります．

　毎年，夏から秋にかけ台風がやってきます．台風の強さの階級は，「強い」，「非常に強い」，「猛烈な」に分けられており，一番強い「猛烈な」台風とは風速54 m/秒以上のものを呼んでいます．台風が通過するとき，強風とともにゴーという，あるいはヒューという強い音が発生します．危険を承知で外へ出てみると，その音の迫力はものすごいことがわかります．この音は，風が電線や電柱などに当たってその後ろで渦をつくる過程で発生する「空力騒音」です．

　ところで，新幹線「のぞみ号」の最高速度は300 km/時間です．秒速に直すと83.3 mです．「猛烈な」と呼ばれる風速54 m/秒以上の台風よりも1.5倍も速いことになります．電車に風がぶつかり発生する空力騒音は猛烈な台風を上回り，そこに車輪の転動音，パンタグラフのスパーク音などが加わります．新幹線鉄道騒音の大きさと同時に，騒音を低減することの難しさがわかります．

新幹線が走る・空力騒音

・・・・・・・・・・・・・・・・　**5 ▷ 振　動**　・・・・・・・・・・・・・・・・

1 振動とは

　振動とは，大きな力が作用したときに地盤や家屋などの構造物が周期的に揺れ動く現象をいう．工場の機械や建設工事，大型の自動車の通行などにより地面や建物が振動し，人に不快感を与える．人によって，あるいは人の活動状況によって振動を感じるレベルは異なる．しかし，通常の生活では振動は存在しないので，振動を感じた場合は誰にとっても異常なこととして感知される．

2 振動の影響

　振動の人体への影響は，心理的影響，生理的影響に分かれる．また，家屋などに物的影響が生じる場合もある．人が感じる振動の限界（感覚閾値）は 55 〜 60 dB（デシベル）程度といわれている．日常生活の中では，振動がないことが普通であるため，こうしたわずかな振動を感じても不快や不安を感じることが多い．また，人体に継続的に大きな振動が加わった場合，循環器，呼吸器，消化器，内分泌系などに変化が現れる．こうした影響が現れるのは 90 dB 以上（家屋が激しく揺れ，すわりの悪いものが倒れるレベル）であり，工場や事業場などに起因する通常の振動レベルでは生理的影響は生じにくいと考えられている．

　振動によって問題になる主要な生理的影響は睡眠障害である．一方，振動によって壁にひびが入るなどの物的被害が生じることがある．振動公害として，こうした物的被害も見逃せない．

3 主要な振動発生源とその規制，対策

振動苦情の半数以上は建設作業に起因している．次に工場・事業場，道路交通の順になっている（**図4-14**）．振動については，環境基準は設定されていない．

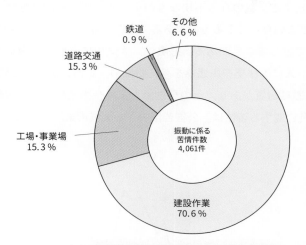

図4-14 振動苦情件数の発生源別内訳

資料）環境省「令和2年度 振動規制法施行状況調査」より作成

① 建設作業振動

振動規制地域内でのくい打ち機の使用や鋼球を用いて建築物を破壊する作業など4つの作業について振動の規制が行われている．また，作業時間（夜間作業の禁止や作業時間の上限の設定），作業期間（連続して6日を超えないこと）などの規制が行われている．

② 工場・事業場振動

機械プレス機など振動が発生しやすい施設を特定施設とし，振動規制地域内で特定施設を設置する場合，市町村長へ振動の防止方法などを事前に届け出ることを義務付けている．また，都道府県知事（市にあっては市長）が定めた規制基準を遵守しなければならない．

③ 道路交通振動

振動規制地域内において道路交通振動が著しい場合は，市町村長は道路管理者に道路交通振動の防止のための舗装，維持または修繕の措置をとることを要請できる．また，都道府県公安委員会に対し交通規制を要請することができる

6 ▷ 悪　臭

1 悪臭とは

　悪臭とは，ヒトが知覚する臭気のうち不快なものをいう．悪臭物質と呼ばれる化合物でも，濃度が低くなるとよい臭いになるものがある．逆に，香料などの芳香物質でも濃度が高くなると悪臭として感じることがある．悪臭は，大気中にきわめて微量の悪臭物質が存在しても知覚され，人に不快感や嫌悪感を与えるため，生活に密着した問題となる．40万種類ともいわれる悪臭物質があり，その発生源も工場や事業場のほか店舗や家庭などさまざまである．悪臭に関する苦情は，公害苦情のうち大気汚染，騒音に次いで第3位を占めている（図4 - 15）．

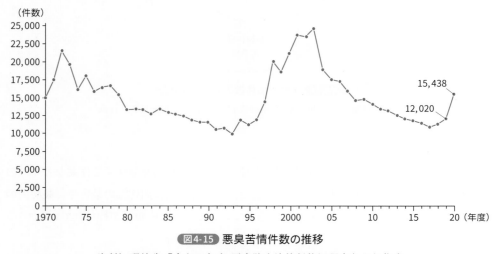

図4-15 悪臭苦情件数の推移

資料）環境省「令和2年度 悪臭防止法施行状況調査」より作成

2 悪臭の人体への影響

　悪臭物質による人体影響については，一般的には不快感などの生活妨害が主要なものである．悪臭物質の濃度が高くなると，皮膚や粘膜を刺激し，せきやたんなどの増加，頭痛，嘔気，嘔吐さらには気管支炎などの各種の症状を呈することがある．こうした症状が出る場合は，悪臭というよりも有害ガスである．

悪臭に関する環境基準はない．また，悪臭の発生源は多様であるため，悪臭防止法では特定の業種を指定した規制は行われていない．そのため，悪臭施設に関する届出制度もない．ただし，都道府県や市が独自に届出制度を設けている場合がある．悪臭防止法では，工場・事業場に関わる悪臭のみを規制しており，敷地境界での悪臭の基準を都道府県などが定めることとされている．

悪臭防止法で規制している悪臭物質は，アンモニア，メチルカプタンなど22物質である．悪臭苦情は，かつては工場・事業場や畜産農業に起因したものが多かったが，近年では飲食店などのサービス業や個人の生活など都市・生活型の苦情が増加している．また，ゴムや合成樹脂などの野焼きの苦情が第1位を占めている(図4-16)．悪臭苦情の多くが廃棄物などの屋外焼却が原因で発生するため，悪臭防止法第15条では「何人も，住居が集合している地域においては，みだりに，ゴム，皮革，合成樹脂，廃油その他の燃焼に伴って悪臭が生ずる物を野外で多量に焼却してはならない」としている．また，条例で野焼きの禁止を定めている都道府県や市町村も多い．

悪臭苦情への対応は難しい．個人の生活に起因する悪臭苦情が多く発生していることから，良好な近隣関係の維持と同時に，近隣に迷惑をかけない私たち自身の生活態度が求められる．

第4章

日本における環境問題

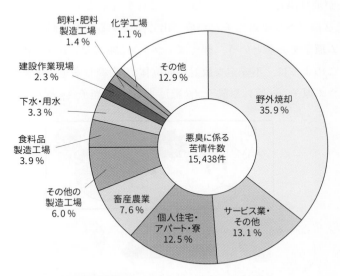

図4-16 悪臭に係る苦情の発生源の状況

資料）環境省「令和2年度 悪臭防止法施行状況調査」より作成

7 ▷ 放射性物質による環境汚染

　放射性物質による汚染は，広い意味で環境汚染のひとつである．ここでは，放射線とは何かおよび放射線の健康影響などについて述べる．

1 放射線とは

　すべての物質は原子でできている．原子は原子核と電子で構成され，原子核は陽子と中性子でできている．例えば，炭素（質量12）の原子核は6個の陽子と6個の中性子ででき，その周りを6個の電子がまわっている．一方，陽子と電子は同じ6個だが，中性子が8個でできている炭素14（質量14）という物質がある．物質の化学的性質は，質量ではなく陽子の数で決まるので，たとえ中性子が2個多くても陽子が6個であれば炭素としての性質を持つ．こうした陽子の数が同じで中性子の数が異なる物質を「同位体」といい，そのうち放射線を出すものを「放射性同位体」と呼んでいる．炭素14は中性子が余分に存在するので不安定で，崩壊して安定な物質になろうとする．炭素14の場合は，中性子が崩壊し電子が飛び出す（中性子は陽子と電子からできている）．その結果，陽子が1個増加し，安定な窒素14（陽子が1個増加するので原子番号は7になる．質量は同じ14である．（電子の質量は極めて小さいので，電子が飛び出しても質量は変わらない）となる．このとき飛び出してくる電子が β 線と呼ばれる放射線である．放射性同位体によっては，崩壊するときに光子が飛び出してくることがある．これを γ 線という．また，原子核から陽子2個，中性子2個（ヘリウム原子）が飛び出し崩壊する放射性同位体もある．飛び出してくるヘリウム原子を α 線という．例えば，ウラン238では，α 線を出しながらトリウム234になる．このように，不安定な放射性同位体が崩壊し安定な物質へ変わる過程で放射されるヘリウム原子（α 線）や電子（β 線），あるいは光子（γ 線）などを放射線という．

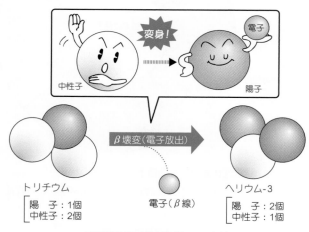

図4-17 放射性物質の β 崩壊

放射性同位体が崩壊するスピードは放射性同位体ごとに異なる．崩壊して半分の量になる時間を半減期という．炭素14の半減期は5,730年である．原子力発電所の事故で問題となったヨウ素131は8.1日間，セシウム137の半減期はおよそ30年である．したがって，ヨウ素131は原子力発電所の事故後早い段階で消失したのに対し，セシウム137は事故後30年経たないと半分の量にならない．

放射線を測定する単位としてベクレル（Bq）がある．1ベクレルは，1秒間に1個の原子核が崩壊し放射線が出ることをいう．地面の汚染ではベクレル／平方メートルという単位が使われ，食品の汚染ではベクレル／キログラムという単位が使われる．ベクレルの値が高いということは，そこにたくさんの放射性物質が存在するということである．

一方，シーベルト（Sv）は，放射線の被曝による人体への影響を表す単位である．「実効線量」とも呼ばれる．放射線にはα線，β線，γ線などがあり，放射線の種類によって生物への影響の度合いが異なる．また，放射線を受けた組織（臓器）によってもその影響は異なる．そうしたことを考慮した上で，全体でどれだけのダメージを人間が受けた可能性があるかを示すものがシーベルトという単位である．実効線量ともいう．

---

column

放射性同位体の半減期を利用して遺物の年代測定をする

放射性物質には半減期が存在します．例えば，放射性同位体である炭素14の半減期は5,730年です．動植物の遺骸の中の炭素14の存在量を調べ，半減期を利用しその動植物が生きていた時代を決定することが可能です．「放射性炭素年代測定法」といいます．

放射性物質である炭素14の地球上での存在比率はほぼ一定です．植物は大気中の二酸化炭素から，動物は植物から主に炭素を摂取しているため，動植物の内部における炭素14の存在比率も同様に一定です．

植物や動物が生きている間は炭素14の存在比率は変わりませんが，死後は新しい炭素の補給が止まり，動植物の中に存在していた炭素14は，半減期に従い崩壊を始めその存在率が減少します．この性質を利用して，動植物の遺骸の年代を測定することができます．放射性物質が意外なところで利用されています．

---

② 放射線の人体への影響

放射線の人体への影響は「確定的影響」と「確率的影響」の2つに分けることができる．人が1Sv程度の放射線を短時間に受けると放射線宿酔（2日酔いのような状態）が起きる．さらに多くの放射線を浴びると，骨髄（造血組織）死，腸管死，中枢神経系死などの重大な障害が現れる．こうした障害は一定の放射線を浴びると誰にでも起こるため確定的影響と呼ばれている．確定的影響は，ある量以上（「しきい値」という）の放射線を浴びることによって起こる障害である．

　一方，確率的影響はしきい値が存在しない影響である．放射線を浴びたとき，目に見えるような障害が現れなくても，細胞の中の DNA に損傷が起きる可能性がある．この DNA の損傷が原因となってがんが起きる場合がある．放射線にあたると必ずがんが起きるわけではなく，がんが起きるかどうかは確率の問題であるため確率的影響と呼ばれている．放射線は強いエネルギーを持つため，DNA にあたると二重らせん構造を切断する（図4-18）．あるいは，細胞内の水分子を電離することによって活性酸素のひとつであるヒドロキシラジカル（・OH）が発生し DNA と結合し変異させる．どちらも DNA の重要な部分で起きれば，細胞死や細胞のがん化が起きたりする．細胞はそうした事態に備え，DNA を修復する機構を有している．生物は，宇宙から放射線が降り注ぐ中で進化してきた．また，酸素呼吸をするようになってからは，代謝の過程で有毒な活性酸素がしばしば発生するようになった．そのため，生物は放射線や活性酸素によって DNA が傷ついても治すことができるよう複雑な修復機構を発達させてきた．しかし，修復に失敗する場合もある．放射線を浴びた場合には，どこにどのようにあたったかで，また修復ができたかどうかでその影響に違いが生じてくる．放射線を浴びてもなにも変化が起こらないかもしれないし，あたり所が悪く，その上修復に失敗すると，細胞ががん化するかもしれない．それは確率の問題だということである．ただし，たくさんの放射線を浴びるとそれだけ DNA がたくさん切断され，修復に失敗する確率が高くなる．実際，100 mSv 以上では放射線の量とがんの増加との間に量反応関係があることがわかっている．しかし，100 mSv 未満の領域ではがんが増加するかどうかはわかっていない．

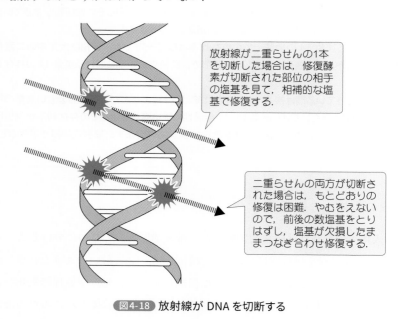

放射線が二重らせんの1本を切断した場合は，修復酵素が切断された部位の相手の塩基を見て，相補的な塩基で修復する．

二重らせんの両方が切断された場合は，もとどおりの修復は困難．やむをえないので，前後の数塩基をとりはずし，塩基が欠損したままつなぎ合わせ修復する．

図4-18 放射線が DNA を切断する

8 ▷ 日本のエネルギーのこれから

　私たちの生活は，エネルギーなしでは成り立たない．産業活動はもちろん，衣食住，移動，娯楽など，エネルギーはあらゆる場面で利用されている．一方，エネルギーの多消費は現在の環境問題と密接に結びつく．

　現代社会は，生活スタイルの変化に応じエネルギーの用途を拡大しかつ高度化，効率化してきた．エネルギーの消費量はこれまで一貫して増大してきたが，省エネ技術の発展などによって，近年，漸減の傾向を示している．

　わが国のエネルギー自給率は 13.4％（2020 年度・原子力発電を除いた場合）で，消費するエネルギーの多くを海外に依存している．石油，石炭，天然ガスなど主要なエネルギーを輸入に依存しており，供給国の政策変更による輸出の削減，輸送ルートの安全などエネルギーをとりまく環境変化に大きく影響を受ける状況にある．安定的な供給確保のために輸入先の地域分散を行うと同時に，もしものときのために石油の備蓄を行っている．

　我が国は，地球温暖化防止のため "2050 年までにカーボンニュートラルを実現する" と 2020 年に宣言した．また，2030 年までに 46％削減（2013 年ベース）を目標に掲げると同時に，50％を目指し挑戦するという方針を示している．

　カーボンニュートラルとは「温室効果ガスの排出を全体としてゼロにする」ことを意味する．CO_2 排出量と吸収量を均衡化することである．図 4-19 日本が排出する温室効果ガスのうち 85％がエネルギー起源の CO_2（燃料を燃やすことで発生する CO_2）である．カーボンニュートラルの実現のためには，今までのエネルギー政策を大胆に見直すと同時に新技術の開発が必要となる．太陽光発電など再生利用可能エネルギーの一層の活用，省エネルギー技術の開発，AI・IoT などを活用したエネルギー利用の効率化，さらに炭素貯蔵・再利用技術の開発など，新たなイノベーションが求められている．

　エネルギーは私たちの生活になくてはならないものである．家庭における省エネも大きな課題であるように，エネルギー問題は私たち自身の問題である．将来のエネルギーについて私たちは大きな関心を持つ必要がある．

第4章

日本における環境問題

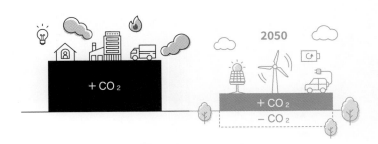

図4-19 カーボンニュートラル

（環境省「脱炭素ポータル」より作成）

第5章
地球規模の環境問題

　現在の地球の平均気温は，産業革命のころに比べて約1.1℃高く，過去2000年に起こったことのない速度で気温が上昇している．この温暖化によって，すでに世界中で熱波や干ばつ，大雨などの気候変動が観察され，私たちに被害を与えている．今後，温暖化が進むと，3℃の上昇で，陸上の生物種の3〜29%が非常に高い絶滅のリスクに直面すると予測されている．寒冷地に生息するホッキョクグマやペンギン，日本ではライチョウなどの絶滅が心配される．

　この章では，地球規模の環境問題について学ぶ．オゾン層の破壊，地球温暖化，生物多様性の危機，酸性雨，森林破壊，砂漠化，海洋プラスチックごみについて取り上げた．また，それらの環境問題と関連して人口問題や食糧問題についても考えてみよう．各節では，私たちにできることについても考えていきたい．

1 ▷ オゾン層の破壊

1 オゾン層とは

　地球を取り巻く大気は，いくつかの層に分類される．私たちが暮らしているところは対流圏といい，地表から $0 \sim 12\,km$ の層である．その外側 $12 \sim 50\,km$ の層を成層圏という．オゾン層はこの成層圏の中部から下部，地表から $18 \sim 35\,km$ のところに存在するオゾンガスでできた層である（図5-1）．オゾンとは酸素原子3つからなる分子で微青色の気体である．オゾン層は成層圏では $17\,km$ くらいの厚さがあるが，地表の圧力（1気圧）にすると，わずか $2.5 \sim 4.5\,mm$ の厚さになってしまうので，「厚さ $3\,mm$ の宇宙服」といわれる．

　地球上で植物が生成した酸素（O_2）が対流圏から成層圏にのぼっていき，そこで紫外線により酸素分子（O_2）が酸素原子（O）に分解する．この1つが別の酸素分子（O_2）と結合し，オゾン分子（O_3）が生成される．

　オゾン層は太陽から地球に放射される有害な紫外線を吸収するはたらきがある．紫外線とは波長約 $100 \sim 390\,nm$ の電磁波である（第3章 3.6参照）．紫外線はさらに長波長紫外線（UV-A），中波長紫外線（UV-B），短波長紫外線（UV-C）に分けられる．短波長紫外線はオゾン層ですべて吸収される．反対に長波長紫外線はオゾン量の変化の影響を受けずに地表に届く．中波長紫外線の一部がオゾン層に吸収されて，吸収されなかったものが地表に届くので，オゾン層が減少することで中波長紫外線が増加してくる（図5-2）．

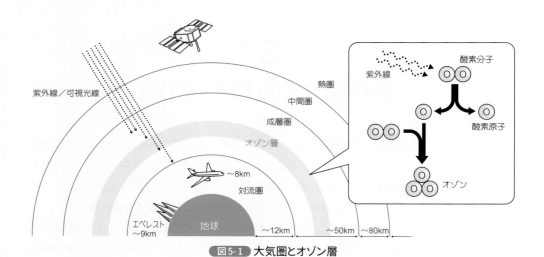

図5-1 大気圏とオゾン層

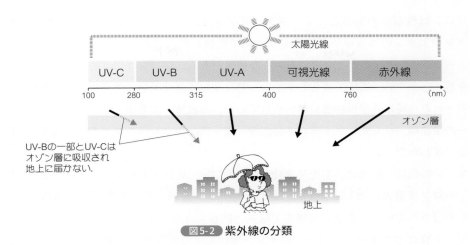

図5-2 紫外線の分類

2 オゾン層の破壊

　1974年にモリーナ（メキシコ）とローランド（アメリカ）は，フロンによってオゾン層が破壊されるという説を初めて発表した．彼らは，大気中に放出されるフロンの量がどんどん増えていること，フロンは40年から150年も安定な物質であり，成層圏でフロンから塩素原子がたくさん放出され，オゾン層を攻撃してオゾンが大量に減ってしまうことを指摘した．1976年には全米科学アカデミーの委員会の報告書でこの主張が認められた．

　オゾン層では，成層圏に昇ってきたフロンから紫外線の影響で塩素原子が生成され，オゾンと反応して酸素分子と一酸化塩素が生成する．そして，成層圏に存在する酸素原子と一酸化塩素が再び反応して，酸素分子と塩素原子になる．この塩素原子がまたオゾンを分解し，同じ反応をくり返す．1つの塩素原子が10万回反応をくり返すと考えられている（図5-3）．

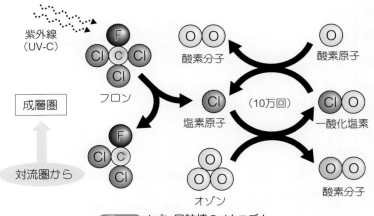

図5-3 オゾン層破壊のメカニズム

　フロンは冷蔵庫の冷媒として，1928 年にアメリカで人工的に開発された物質である．メタンやエタンの水素原子を塩素やフッ素で置換した，塩化フッ化炭素（クロロフルオロカーボン：CFC）のことで，いろいろな種類がある．フロンは化学的に安定で，不燃性，物を溶かしやすい，高圧で液化しやすい，熱に安定，無味無臭，低毒性などの性質があり，発明された当時は「夢の物質」といわれていた．冷蔵庫・冷凍庫・エアコンの冷媒，スプレーの噴霧剤，ウレタンフォームの発泡剤，電子部品やクリーニングの洗浄剤など多様な用途で使われた．

　フロンの他に，四塩化炭素や臭素化合物のハロン・臭化メチルなどもオゾン層を破壊する．ハロンは消火剤としてよく利用され，臭化メチルは土壌の殺菌剤や穀物の殺虫剤として利用されていた．臭素も成層圏で塩素と同じようなメカニズムでオゾンを破壊する．CFC（クロロフルオロカーボン）のオゾン層に対する破壊効果が明らかになって，よりオゾン層を破壊しない代替フロンが開発された．CFC より分解しやすい HCFC（ハイドロクロロフルオロカーボン），塩素を含まずオゾン層を破壊しない HFC（ハイドロフルオロカーボン）や PFC（パーフルオロカーボン）である．

　オゾン層の破壊が実際に観測されたのは，1985 年の南極上空のオゾンホールの発見である．オゾンホールとは，南極上空で春（9 〜 11 月）にオゾン濃度が著しく減少し，周辺に比べて穴があいたように低濃度部位が観測されることから名づけられた現象である．南極の特別な冬の気象条件のもとで，南極上空の成層圏で雲ができる．この雲の粒子の表面でフロン類の化学反応が起こり，さらに春になって太陽の光を浴びることで塩素が発生して，急激にオゾンが破壊されてオゾンホールができる．オゾンホールは 1980 年頃からできていたようで，年々その面積が大きくなっていった．2000 年には南極の面積の 2 倍くらいの約 3,000 万 km² となった（図5-4）．2000 年以降は縮小傾向にあるが，まだ南極大陸比 1.0 以下にはなっていない．

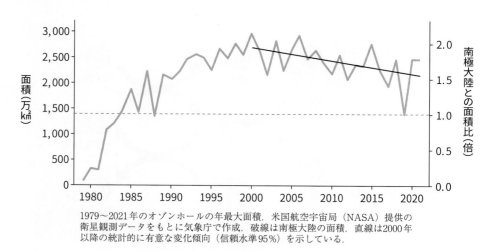

1979〜2021 年のオゾンホールの年最大面積．米国航空宇宙局（NASA）提供の衛星観測データをもとに気象庁で作成．破線は南極大陸の面積．直線は2000年以降の統計的に有意な変化傾向（信頼水準95％）を示している．

図5-4　オゾンホールの面積の経年変化

資料）気象庁 HP（http://www.data.jma.go.jp）より作成

世界のオゾン全量も 1980 年頃から減少し始め, 1993 年には約 5％ 減少した. 2010 年ごろにはやや回復したが, まだ 1980 年以前よりは少ない(**図5 - 5**).

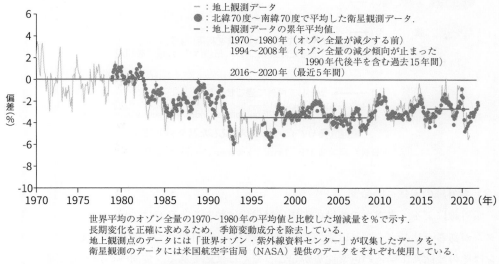

世界平均のオゾン全量の1970〜1980年の平均値と比較した増減量を％で示す.
長期変化を正確に求めるため, 季節変動成分を除去している.
地上観測点のデータには「世界オゾン・紫外線資料センター」が収集したデータを,
衛星観測のデータには米国航空宇宙局（NASA）提供のデータをそれぞれ使用している.

図5-5 **世界のオゾン全量の経年変化**

資料）気象庁 HP（http://www.data.jma.go.jp）より作成

3 オゾン層破壊による人体および環境への影響

（1）紫外線の増加

オゾン層におけるオゾンの量が 1％ 減少すると, 地上に到達する UV–B の量は 1.5％ 増加すると報告されている.

地表に到達する紫外線の強度は, 波長によって異なる. また, 紫外線の人体への影響度も波長によって異なる. そこで, 人体に及ぼす影響を示すために, 波長によって異なる影響度を考慮してわかりやすく指標化したものが UV インデックス（UV 指数）である. 世界保健機関（WHO）では UV インデックスを活用した紫外線対策の実施を推奨している（**図5-6**）.

一般的に太陽高度が高いほど紫外線は強くなるので, 緯度が低いと紫外線量は高くなる. 那覇では 12 月以外のすべての月で紫外線の強い日が見られるが, 札幌では 4 〜 9 月の半年でしか見られない. また, 同じ地域では, 夏には強く, 冬には弱い. 1 日のうちでは, 正午の前後 2 時間がピークとなる. 標高が高くなると紫外線量も増加し, 1,000 m ごとに10 〜 12％ 増加する.

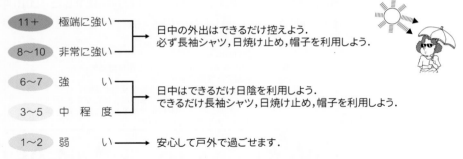

図5-6 UVインデックスに応じた紫外線対策

資料）環境省HP（http://www.env.go.jp/）より作成

（2）紫外線の人体への影響

　紫外線による，皮膚への急性の影響には日焼けがある．日焼けには，サンバーンとサンタンがある．サンバーンとは紫外線に当たったあと1日のうちに赤くなる反応で，サンタンはその後徐々に褐色の色素沈着が起こってくる反応である．皮膚への慢性の影響としては，光老化（シミやしわ）がある．さらに皮膚がんの増加がある．皮膚がんの中で有棘細胞がんは紫外線の生涯曝露量に関係して発病し，基底細胞がんは紫外線の大量曝露が誘因となる．また，悪性黒色腫も世界的に増加傾向が見られる．

　また，紫外線は眼にも影響を与える．急性では紫外線角膜症を起こすことがある．これは「雪目」ともいわれ，角膜に炎症を起こすが1～2日で治癒する．慢性の眼病としては，翼状片と白内障の発症に紫外線が影響している．翼状片は白目の表面を覆っている結膜組織が過剰に増殖し，角膜（黒目）に進入してくる病気で，白内障は水晶体が白濁してくる病気で進行すると失明に至る．

　その他，免疫機能の低下も実験動物では認められている．

（3）紫外線の環境への影響

　UV-B放射の増大が陸域の生態系に与える影響として，植物の生産を約6％減少させることが広範囲の野外調査の結果から示唆されている．また，紫外線放射は枯れた植物の分解を早め，その結果として炭素の大気中への放出を促進する．微生物の生物多様性を変えて，土壌の肥沃度と植物の病気に影響を与える．

　水圏生態系への影響では，UV-B放射によって水圏生物に有害な影響を与える．海藻類にも負の影響を与える可能性がある．

（1）オゾン層破壊物質の国際的規制

　ローランドらによりフロンによるオゾン層破壊について初めて警告が出されたのは
1974年であった．1977年には，国連環境計画（UNEP）でフロン問題が議論された．その後，
1985年に「オゾン層保護のためのウィーン条約」が採択された．この条約ではオゾン層の
変化により生ずる悪影響から人の健康および環境を保護するために適当な措置をとること，
国際的に協力して研究を進めること，情報を交換することなどが決められた．

　1987年にはこの条約に基づいてより具体的な規制を定めた「オゾン層を破壊する物質
に関するモントリオール議定書」が採択され，1989年に発効した．初めは，先進国で5種
のCFCと3種のハロンの削減が決められた．しかし，その後の研究でオゾン層の保護に
は不十分なことが分かり，2007年までに6回の改正を行い，だんだん規制を厳しくしていっ
た（図5-7）．2016年には，温室効果ガス（5.2参照）として気候変動に悪影響を与える代
替フロンのHFCについても段階的に規制する「キガリ改正」が採択された．

　世界気象機関（WMO）と国連環境計画（UNEP）がとりまとめた「オゾン層破壊の科
学アセスメント2018」では，「モントリオール議定書の下に実施された施策により，大気
中のオゾン層破壊物質の量が減少し，成層圏オゾンの回復が始まっている．」と報告され
ている．

　このようにオゾン層の保護については，国際的な合意が得られ，他の環境問題に比べ早
期に国際的な対応が取られた．

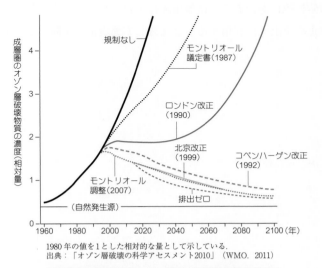

1980年の値を1とした相対的な量として示している．
出典：「オゾン層破壊の科学アセスメント2010」（WMO. 2011）

図5-7　成層圏のオゾン層破壊物質の濃度予測

資料）気象庁HP（www.data.jma.go.jp）より作成

（2）日本での取り組み

　日本では 1980 年に CFC 生産の凍結，エアゾール用の使用削減などを始めた．1988 年に「特定物質の規制などによるオゾン層の保護に関する法律（オゾン層保護法）」を制定・施行し，ウィーン条約とモントリオール議定書に加入した．また，フロンの回収のため，家庭用に関しては，2001 年施行の「家電リサイクル法」で家庭用冷蔵庫とエアコンについて家電メーカーなどでフロン類の回収を義務づけた．業務用に関しては 2002 年施行の「フロン回収・破壊法」で，カーエアコンや業務用冷凍空調機器のフロン類の回収と破壊（物理化学的に分解すること）の義務を定めた．

　しかし，その後 HFC の急増，冷媒回収率の低迷，使用中の大規模漏えいなどが問題となり，2013 年に「フロン排出抑制法」に法改正され，フロンの製造から廃棄までの包括的な対策が取られるようになった．さらに回収率向上のため，2019 年には直接罰の導入などの改正を行った．

（3）私たちにできること

　フロンの生産はモントリオール議定書によりすでに廃止されているが，実際に冷媒として機器に入っているフロンはまだたくさん存在している．今後はこれが大気に漏れ出ないように回収・破壊しなくてはならない．まず，エアコンのフロン漏えい防止のために，信頼できる業者によるメンテナンスや家電リサイクル法に従っての適切な廃棄が大切である．また，不法投棄を防止する，災害時に使えなくなった家電製品からのフロン回収ボランティアに協力することなどができる．

　一方，過度の紫外線にあたることは健康障害を起こすことから，外出するときは帽子をかぶる，日焼け止めを上手に利用するなど注意して健康被害を防ぐことも大切である．

2 ▷ 地球温暖化

1 地球の温暖化とその原因

　地球は太陽からの放射エネルギー（主に可視光線）によって暖められている．一方，赤外線の放射によってエネルギーが宇宙に放出されている（黒体放射）．太陽から受けるエネルギーと宇宙に放出されるエネルギーのバランスで地球の温度は決まる．もし，地球に大気がなければ，理論的には，地球の気温は −19℃になると計算されている．しかし，実際には地球の平均気温は14℃くらいで，33℃も高い．これは，地球に大気があり，宇宙に放出される赤外線を吸収し，再び放射する性質を持つ気体を含んでいるからである（図5-8）．このように，大気中の気体が地表から放射される赤外線を吸収して地球の表面温度を高めるはたらきを温室効果という．水蒸気，二酸化炭素，メタンなどの温室効果を持つ気体を温室効果ガス（GHG）という．

　地球温暖化とは，人間の活動によって温室効果ガスの大気中の濃度が高まり，温室効果が強くなって地球の表面温度が上昇する現象である．地球温暖化の原因について IPCC（気候変動に関する政府間パネル）が2021年に出した第6次報告書で「人間の影響が大気，海洋および陸域を温暖化させてきたことには疑う余地がない．」と述べられている．

　地球温暖化に関わる人為起源の温室効果ガスの割合を見ると，二酸化炭素（CO_2）の増加が最も影響が大きく，次にメタン（CH_4），一酸化二窒素（N_2O），フロン類の順である（図5-9）．水蒸気は地球の温室効果に大きく寄与しているが，人間活動による増加より自然のしくみによる増加が大きい．ただし，地球の温度の上昇により水蒸気量が増加するので温室効果がより高まっていくと考えられている．

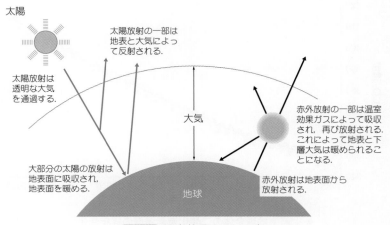

図5-8 温室効果のメカニズム

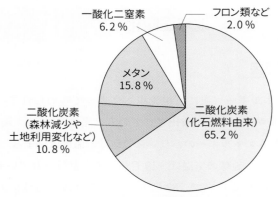

（2010年の二酸化炭素換算量での数値）

図5-9 人為起源の温室効果ガスの種類別排出量の割合

資料）IPCC「第5次評価報告書」より作成

　温室効果ガスは，種類によって温室効果の大きさが異なる．CO_2を基準にして，その気体の大気中における濃度あたりの温室効果の100年間の強さを比較して表したものを地球温暖化係数（GWP）という．

（1）二酸化炭素（CO_2）（GWP = 1）

　地球温暖化に最も影響が大きい二酸化炭素は，空気中で4番目に濃度が高い（**表1-3**参照）．温室効果ガス世界資料センター（WDCGG）が世界各国の観測データを元に解析した地球全体の二酸化炭素濃度の経年変化をみると，1985年には350 ppm以下であった濃度が，2020年には410 ppmを越えていることがわかる（**図5-10**）．

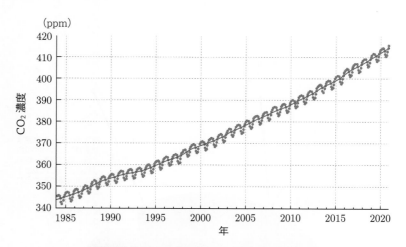

図5-10 地球全体の二酸化炭素濃度の経年変化

出典）温室効果ガス世界資料センター

資料）気象庁 HP（https://www.jma.go.jp）より作成

IPCC の第 5 次評価報告書による過去 2000 年間の二酸化炭素濃度の変化を見ると，西暦 0 年から 1900 年までは 280 ppm 前後であったが，1950 年以降急激に増加した（**図5 - 11**）. この大気中の二酸化炭素の急激な増加は，化石燃料（石炭・石油・天然ガス）からの二酸化炭素排出量の増加（**図5 - 12**）と一致している.

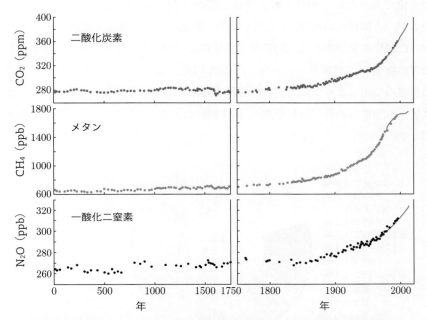

図5-11 西暦 0 年から 2011 年までの主な温室効果ガスの大気中の濃度の変化

出典）IPCC 第 5 次評価報告書
資料）気象庁 HP（https://www.data.jma.go.jp）より作成

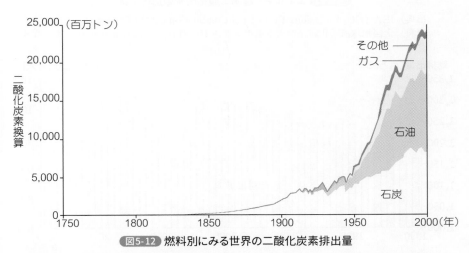

図5-12 燃料別にみる世界の二酸化炭素排出量

資料）全国地球温暖化防止活動推進センター HP（http://www.jccca.org）より作成

　世界のエネルギー起源の二酸化炭素の排出量は1950年に約60億t（CO₂換算）だったものが，2020年には約335億tと5倍以上に増加している．1980年代以前は先進国の増加が顕著だったが，1980年代以降は発展途上国の増加が顕著になってきた．2020年の国別の排出量は中国，米国，インド，ロシア，日本の順である（図5-13）．2006年までは米国が1位であったが，2007年から中国に替わった．途上国は国全体では排出量が増加しているが，人口が多いので，1人当たりの二酸化炭素排出量は先進国に比べて少ない．

　日本の二酸化炭素排出量は，2007年まで増加していたが，リーマンショックの影響と原子力発電の増加で，2008年から減少した（図5-14）．しかし，2011年の東日本大震災以降の火力発電の増加によって化石燃料消費量が増加し，2013年に最大となった．しかし，その後は省エネや電力の低炭素化が進み，減少傾向にある．1人当たりの二酸化炭素排出量は9〜10tである．

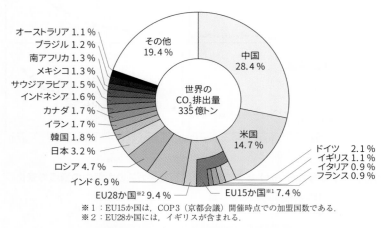

※1：EU15か国は，COP3（京都会議）開催時点での加盟国数である．
※2：EU28か国には，イギリスが含まれる．

図5-13 エネルギー起源二酸化炭素国別排出量

　　出典）IEA「CO₂ Emissions From Fuel Combustion」2020 Edition
　　資料）全国地球温暖化防止活動推進センターHP（http://www.jccca.org）より作成

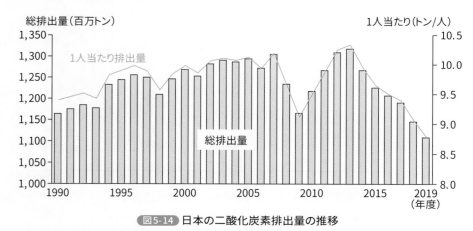

図5-14 日本の二酸化炭素排出量の推移

　　出典）温室効果ガスインベントリオフィス
　　資料）全国地球温暖化防止活動推進センターHP（http://www.jccca.org）より作成

（2）メタン（CH₄）（GWP = 21）

メタンは微生物による有機物の発酵・腐敗によって発生し，水田耕作，家畜の腸内発酵，埋め立てた廃棄物の腐敗などが原因となっている．また，メタンは天然ガスとして利用されており，利用の際の漏れによっても排出される．地球温暖化係数は二酸化炭素の約20倍である．

メタンの大気中の濃度も近代に増加している．西暦0年から1800年頃までは500 ～ 750 ppb であったが，1950年頃より急激に増加した．2019年には1,866 ppb となった（図5-11）．80万年前からのデータでも400 ～ 800 ppb の間で変動していて，近年ほど増加したことはない．

（3）一酸化二窒素（N₂O）（GWP = 310）

一酸化二窒素は地球温暖化係数が二酸化炭素の約300倍である．人為起源としては窒素肥料の施肥や家畜の糞尿などの農業からや燃料の燃焼，工業プロセスなどから排出される．自然起源の放出も多い．大気中の濃度は産業革命以前は260 ～ 270 ppb であったのが，1950年以降急激に増加し，2019年には332 ppb であった（図5-11）．

（4）フロン類（GWP ＝数百～数万）

フロン類および代替フロン類（5.1 参照）は，地球温暖化係数が二酸化炭素の数百～数万倍もある強力な温室効果ガスである．その中のCFC，HCFCはモントリオール議定書で規制されたことから1990年代に排出量が大きく減少した．しかし，オゾン層を破壊しない代替フロンのHFCの排出増加が問題となり，2016年に「キガリ改正」で今後規制されることとなった．

第5章 地球規模の環境問題

---

column

過去の気体濃度をどうやって測定したのでしょう？

IPCC の報告書の数千年前の温室効果ガスの濃度はどのように測定したのでしょう．これは氷床コア分析で得られたものです．氷床とは，南極やグリーンランドなどの極地で降り積もった雪が夏にも融けず，だんだん固まって重みで氷となったものです．氷になるときに，隙間の空気を気泡として閉じ込めます．この氷を掘削したのが氷床コアで，長いものでは3,600 m も採掘しています．氷床コアからこの気泡中の空気を取り出し，同位体比の分析に基づく気温の情報，二酸化炭素やメタン濃度，火山噴火の記録などが分析できます．

北極の NGRIP 基地における掘削直後の氷床コア
東北大学大学院理学研究科付属
大気海洋変動観測研究センター HP
（http://caos-a.geophys.tohoku.ac.jp/）より

2 実際に観測されている温暖化の影響

(1) 無機的環境への影響

　IPCC の第 6 次評価報告書によれば，2011 〜 2020 年の世界平均気温は，1850 〜 1900 年の気温より 1.09℃高くなり，1970 年以降，過去 2000 年間に経験したことのない速度で上昇している(図5-15)．2011 〜 2020 年の気温は，数百年間にわたり温暖だった 6,500 年前ころの気温よりも高く，約 12 万 5 千年前数百年間の温暖期の気温範囲と重なっている．

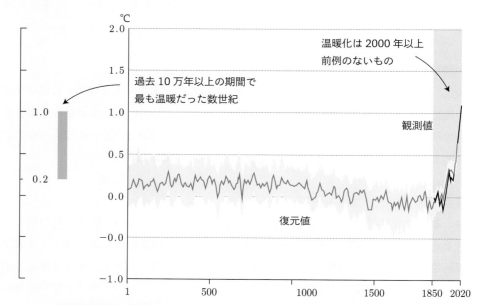

図5-15 世界平均地上気温の変化（青色の実線，西暦 1 〜 2000 年）および
直接観測による世界平均気温の変化（黒色の実線，1850 〜 2020 年）

　いずれも 1850 〜 1900 年を基準とした 10 年平均. 左側の縦棒は，現間氷期中の約 6,500 年前に起きた，少なくとも過去 10 万年間で最も温暖だった数世紀の期間の推定気温（可能性が非常に高い範囲）を示す. 約 12 万 5 千年前の最終間氷期は，次に最も近い，気温が高かった期間の候補である．これらの過去の温暖な期間は，緩やかな（数千年にわたる）軌道要素の変動によって引き起こされた. 水色の領域は，復元された気温の，可能性が非常に高い範囲を示す.
資料）気象庁 HP（https://www.data.jma.go.jp）
　　　IPCC 第 6 次評価報告書第 1 作業部会報告書 政策決定者向け要約 暫定訳
　　　（文部科学省および気象庁）より作成

　表5-1 に示したように人為起源の気候変動は，すでに世界中の全ての地域で，多くの気象や気候の極端現象に影響をおよぼしている。熱波を含む極端な高温が，ほとんどの陸域で頻度と強度を増加している一方，極端な低温は頻度と厳しさを低下させている．また，大雨の頻度と強度は，陸域のほとんどで増加している．強い熱帯低気圧の発生の割合は過去 40 年間で増加している．1950 年以降，熱波と干ばつの同時発生，火災の発生しやすい気象条件，洪水などの極端現象の発生確率を高めている．

表5-1 気象および気候の極端現象

現象および変化傾向	変化発生の評価 （特に断らない限り 1950年以降）	人為起源の気候変動が 駆動要因の可能性
極端な高温（熱波を含む）が，ほとんどの陸域で頻度および強度を増加	ほぼ確実 （99～100%）	確信度が高い
極端な低温（寒波を含む）の頻度と厳しさの低下	ほぼ確実 （99～100%）	確信度が高い
海洋熱波の頻度は，1980年代以降ほぼ倍増	確信度が高い	少なくとも2006年以降のほとんどの海洋熱波に寄与していた可能性が非常に高い（90～100%）
大雨の頻度と強度は，陸域のほとんどで増加	確信度が高い	可能性が高い（66～100%）
世界の全熱帯低気圧に占める強い熱帯低気圧の発生の割合は過去40年間で増加	可能性が高い （66～100%）	確信度が中程度
世界規模での熱波と干ばつの同時発生の頻度の増加	確信度が高い	可能性が高い（66～100%）
人間が居住する全ての大陸の一部地域における火災の発生しやすい気象条件の頻度の増加	確信度が中程度	可能性が高い（66～100%）
一部地点での複合的な洪水の頻度の増加	確信度が中程度	可能性が高い（66～100%）

資料）IPCC第6次評価報告書第1作業部会報告書 政策決定者向け要約 暫定訳（文部科学省および気象庁）より作成

　北極域の海氷面積が減少している．2011～2020年の年平均海氷面積は1850年以降で最小規模となった．また，氷河の後退は過去2000年で前例のないものだった．北半球の春季積雪面積の減少，グリーンランド氷床の表面融解も観察されている．

　海洋においても，海洋上層（0～700m）が1970年代以降昇温している．世界平均海面水位は，1901～2018年の間に0.20m上昇した．1900年以降，少なくとも過去3,000年間のどの100年よりも急速に上昇している（**図5-16**）．また，海洋表層のpHが低下し，表層の酸素濃度も低下している．

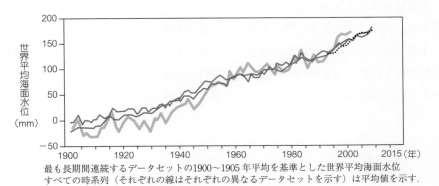

最も長期間連続するデータセットの1900～1905年平均を基準とした世界平均海面水位
すべての時系列（それぞれの線はそれぞれの異なるデータセットを示す）は平均値を示す．

図5-16 世界平均海面水位の変化

資料）IPCC第5次評価報告書2013年より作成

(2) 生態系への影響

IPCC の第 6 次評価報告書では，気候変動は，陸域，淡水，海洋生態系において，以前見積もられていた範囲や規模よりもさらに大きい損害と不可逆的な損失を引き起こしていると報告されている．季節的な時期が変化しているだけでなく，生態系の構造や機能，回復力，自然の適応能力が広範囲にわたって劣化している．世界全体で評価した種の約半数は，極域方向に，陸域においてはより高い標高へ移動している．極端な暑熱の規模の増大によって，数百の種が局所的に喪失するとともに，陸域や海洋における大量死，コンブ場の喪失が増加している．

(3) 人間システムへの影響

気候変動は，水の供給と食料生産，健康と福祉，都市・住居地・インフラを含む人間システムにさまざまな悪影響を及ぼしている．水に関しては，世界の人口の約半分が一定期間，深刻な水不足に陥っている．農業生産性は全体的に向上してきたが，過去 50 年間，気候変動によってその伸び率は世界全体で鈍化しており，主に中緯度から低緯度の地域で負の影響が観測されている．しかし，一部の高緯度地域では生産が上がったところも見られる．海洋の温暖化と酸性化は，貝類の養殖業や漁業生産に悪影響を与えている．気象・気候の極端現象の増加によって，何百万人もの人々が急性の食料不安に陥り，水の安全保障が低下した．多くのコミュニティで栄養不良を増大させ，その影響は特に先住民，小規模な食料生産者および低所得世帯で大きく，とりわけ子ども，高齢者，妊婦が影響を受けている．また，気候変動は，世界全体で人々の身体的健康やメンタルヘルスに悪影響を及ぼしている．気候・気象の極端現象は強制移住を引き起こしており，特に小島嶼国[1] は大きな影響を受けている．都市部においては，極端な高温が大気汚染を悪化させ，洪水，熱波，干ばつ，強い熱帯低気圧の増加などにより交通システム，水道，下水システムおよびエネルギーシステムを含むインフラが損なわれ，その結果，経済的な損失，サービスの中断，福祉に対する悪影響を与えている．

日本でも，近年，異常気象に伴う大規模な災害が多発している．また，農林水産省によると，水稲やぶどう，リンゴの高温障害，高水温によるホタテ貝の大量へい死，高水温かつ少雨傾向の年におけるカキのへい死など農産物や水産物などにもすでに被害がでている．

このように，現在は，温暖化が私たちの生活にも大きな影響を与えるようになってきている．

---

[1] 小島嶼国（しょうとうしょこく）　太平洋・西インド諸島・インド洋などにある，小さな島で国土が構成されている島国のこと．地球温暖化による海面上昇の影響を受けやすく，少人口，遠隔性，自然災害など島国固有の問題がある．

3 将来の予測

（1）5つのシナリオ

　IPCC の第 6 次評価報告書では，新しい 5 つの温室効果ガス排出シナリオが提出されている．これは前回の報告書で出されたシナリオより広範囲で，太陽活動や火山活動の影響にも考慮した予測となっている．二酸化炭素排出量が 2050 年までに現在の約 2 倍になる「非常に多いシナリオ」，2100 年までに約 2 倍になる「多いシナリオ」，排出が今世紀半ばまで現在の水準で推移する「中程度のシナリオ」，二酸化炭素排出が 2050 年以降に正味ゼロになり，その後はそれぞれ異なる水準で正味が負になる「非常に少ないシナリオ」と「少ないシナリオ」の 5 つである（**図5-17**）．

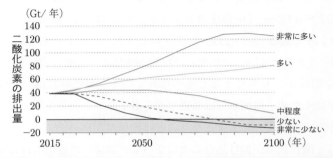

図5-17 5 つの例示的なシナリオにおける二酸化炭素の将来の年間排出量

資料）IPCC 第 6 次評価報告書第 1 作業部会報告書 政策決定者向け要約 暫定訳
（文部科学省および気象庁）より作成

　世界平均気温は，すべての排出シナリオにおいて，21 世紀半ばまでは上昇を続ける．1850 〜 1900 年と比べた 2081 〜 2100 年の世界平均気温は，「非常に多いシナリオ」では3.3 〜 5.7℃，「多いシナリオ」では 2.8 〜 4.6℃，「中程度のシナリオ」では 2.1 〜 3.5℃，「少ないシナリオ」では 1.3 〜 2.4℃，「非常に少ないシナリオ」では 1.0 〜 1.8℃上昇する可能性が非常に高い（**図5-18**）．

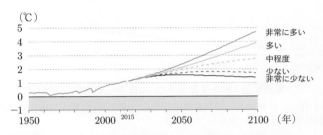

図5-18 1850 〜 1900 年を基準とした世界平均気温の変化

資料）IPCC 第 6 次評価報告書第 1 作業部会報告書 政策決定者向け要約 暫定訳
（文部科学省および気象庁）より作成

　気温の上昇は世界全体に平均的に起こるのではなく，陸では海よりも大きく温暖化し，北極域では世界平均よりも2倍の速度で温暖化することはほぼ確実である．

　地球温暖化が進行するにつれ，熱波を含む極端な高温，大雨，干ばつの強度と頻度が増加する．極端な降水現象は，温暖化が1℃上昇するごとに約7%強まると予測されている．温暖化の進行に伴い，非常に強い熱帯低気圧の割合やピーク時の風速が増加すると予測されている．

　温暖化の進行は，永久凍土の融解並びに季節的な積雪，陸氷及び北極域の海氷の減少をさらに拡大すると予測される．5つのすべてのシナリオにおいて，北極域では，2050年までに少なくとも1回，9月に海氷のない状態となる可能性が高い．世界平均海面水位が21世紀の間，上昇し続けることは，ほぼ確実である．1995〜2014年の平均と比べて，2100年までの可能性の高い上昇量は，「非常に少ないシナリオ」で0.28〜0.55 m，「少ないシナリオ」で0.32〜0.62 m，「中程度のシナリオ」で0.44〜0.76 m，「非常に多いシナリオ」0.63〜1.01 mである（図5-19）．氷床プロセスについてわからないことが多いので，確信度は低いが，「非常に多いシナリオ」では海面水位の上昇が2100年までに2 m，2150年までに5 mに迫ることもありうると述べられている．長期的には，海洋深層の温暖化と氷床の融解が続くため，海面水位は数百年から数千年にわたり上昇することは避けられず，数千年にわたって上昇したままとなることは確信度が高い．

　また，海水に二酸化炭素が溶け込むことによって，海洋の酸性化もほぼ確実に進行する（**図5-20**）．温室効果ガス排出が「非常に多いシナリオ」では2100年にpHが7.6〜7.7に，「中程度のシナリオ」では約pH7.9に，「少ないシナリオ」または「非常に少ないシナリオ」ではpH8.0に低下すると予測されている．

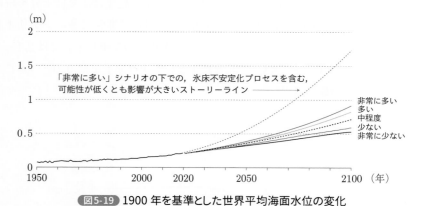

図5-19 1900年を基準とした世界平均海面水位の変化

資料）IPCC 第6次評価報告書第1作業部会報告書 政策決定者向け要約 暫定訳
（文部科学省および気象庁）より作成

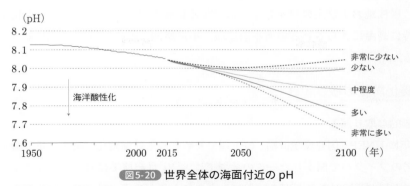

図5-20 世界全体の海面付近の pH

資料）IPCC 第 6 次評価報告書第 1 作業部会報告書 政策決定者向け要約 暫定訳
（文部科学省および気象庁）より作成

（2）生態系への影響

　陸域生態系では，評価された数万種のうちで非常に高い絶滅リスクがある種の割合が，
1.5℃までの温暖化で 3 〜 14%，2℃で 3 〜 18%，3℃で 3 〜 29%，5℃で 3 〜 48%と
予測されている．海洋および沿岸域の生態系では，生物多様性喪失のリスクは，1.5℃ま
での地球温暖化の水準で中程度〜非常に高い範囲であるが，3℃では高い〜非常に高いリ
スクに増大する．生物多様性ホットスポットにおける固有種の絶滅リスクは 1.5 〜 2℃の
温暖化では 2 〜 4%であるが，3℃に上昇すると少なくとも 10 倍に高まると予測されてい
る．

（3）人間システムへの影響

　物理的な水の利用可能性や水に関連する危機は，中長期にわたり増大し続け，より高温
になるほどより高いリスクを伴う．融雪に依存する河川流域において、灌漑に利用できる
融雪水が減少する．また，小島嶼国では，地下水が利用できなくなる可能性がある．直接
的な洪水による損害は，適応策がとられない場合，1.5℃の上昇に比べて，2℃で 1.4 〜
2 倍になり，3℃で 2.5 〜 3.9 倍になると予測される．

　2℃またはそれより高い地球温暖化において，気候変動による 2040 年以降の食料安全
保障のリスクはより深刻になり，サハラ以南のアフリカ，南アジア，中南米および小島嶼
国において栄養不足および微量栄養素欠乏症をもたらす．

　温暖化の進行に伴い，地球全体で熱波の曝露人口は増加し続け，追加的な適応策がなけ
れば，暑熱に関連する死亡における地理的差異が大きくなると報告されている．気候に敏
感な食品媒介性感染症，水媒介性感染症，動物媒介性感染症は，適応策をとらないと，増
加すると予測される．特に，デング熱のリスクは，より広範な地理的分布を伴って増大し，
今世紀末には，さらに数十億人の人々をリスクにさらす．温暖化が進むと不安やストレス
を含むメンタルヘルスの課題も増大すると予想される．

都市，居住地および主要なインフラに対する気候変動リスクは，地球温暖化が進むにつれ，特に高温にさらされる場所や沿岸域，小島嶼国などにおいて，2040年以降急速に増大する．

4 温暖化防止の取り組み

（1）国際的な取り組み

1985年にUNEP（国連環境計画）の主催で初めての地球温暖化に関する世界会議がオーストリアのフィラハで開かれた．この会議では，「21世紀前半における世界の気温上昇はこれまで人類が経験したことがない大幅なものになるだろう．科学者と政治家や官僚などの政策決定者は，地球温暖化を防止するための対策を協力して始めなければならない．」という宣言が採択された．

1988年にはUNEPとWMO（世界気象機関）によってIPCC（気候変動に関する政府間パネル）が設置された．IPCCは，世界各国の研究者が政府の資格で参加して地球温暖化問題について議論する場で，地球温暖化に関する最新の自然科学的および社会科学的知見をまとめ，地球温暖化対策に科学的基礎を与えることを目的としている．1990年に第1次評価報告書，1995年に第2次評価報告書，2001年に第3次評価報告書，2007年に第4次評価報告書，2013〜2014年に第5次評価報告書，2021〜2022年に第6次評価報告書を発表している．

1992年に地球温暖化防止のための条約「気候変動に関する国際連合条約（気候変動枠組み条約）」が採択され，地球サミットで署名が開始され，1994年に発効した．この条約の究極の目的は，温暖化防止のため大気中の温室効果ガスの濃度を安定化させることにあり，先進国は温室効果ガスの排出量を2000年までに1990年の水準に戻すことを努力目標に定めた．また各国に温室効果ガスの排出および吸収の目録の作成，具体的対策を含んだ計画の作成・実施を義務づけた．この条約は，地球温暖化防止についての枠組を規定しただけで具体的な削減義務までは規定しなかった．その後の規制は，毎年開かれる締約国会議（COP）に委ねられた．

1997年に京都で第3回締約国会議（COP 3）が開かれ，先進各国について法的拘束力のある排出削減目標を掲げた京都議定書を採択した．しかし，細かい規則についてなかなか合意が得られず，2005年にやっと京都議定書は発効した．その後，2008年〜2012年の第1期が終わり，参加国の目標は達成されたが，米国が離脱し，途上国には削減義務がなかったので，世界全体としては温室効果ガスの排出量は増加を続けている．

2015年のCOP 21で2020年以降の枠組みを決めたパリ協定が採択され，2016年に発効した．この協定では，すべての国が参加して，世界の平均気温上昇を産業革命から2℃未満に抑え，参加国はそれぞれ削減目標をたて，5年ごとに見直し，国連に報告するということなどが決められている（表5-2）．

表5-2　パリ協定の概要

1. 世界共通の長期目標として，「世界的な平均気温上昇を産業革命以前に比べて2℃より十分低く保つとともに，1.5℃に抑える努力を追求すること」が掲げられている．
2. すべての国が削減目標を5年ごとに提出・更新すること．
3. すべての国が排出削減の取り組みについて，その実施状況を，原則として共通のルールで国連に報告し，検証を受けること．
4. 長期目標の達成に向け，5年ごとに世界全体の進捗を確認する（グローバル・ストックテイク）．
5. 各国が温暖化の悪影響に対する適応の計画を立て実施すること．その適応報告書を定期的に提出更新すること．
6. 途上国の削減や適応を支援するために，緑の気候基金（GCF）が設置された．先進国が資金を提供することになっているが，途上国も自主的に資金を提供すること．
7. 二国間クレジット制度（JCM）も含めた市場メカニズムの活用．

　5に「適応」という語句がでているが，気候変動や海面の上昇などに対処するために，人や社会・経済のシステムの調整で影響を軽減することを「適応策」という．例えば，高潮に備えて堤防を高くするとか高温に耐える作物をつくるなどである．一方，根本的に温室効果ガスの削減により温暖化の進行を抑える対策を「緩和策」と呼ぶ．その後，2021年のCOP26では，1.5℃目標に向かって世界が努力することが，正式合意された．しかし，世界の国々の削減目標を足し合わせたものは，1.5℃目標には遠く，さらなる削減目標の積み上げが必要である．

　2018年に，スウェーデンの15歳の少女グレタ・トゥーンベリが，「気候のための学校ストライキ」という看板を掲げて，スウェーデン議会の前でより強い気候変動対策を呼び掛けた．SNSで拡散されて，他の学生も参加し，「未来のための金曜日（FFF）」という気候変動学校ストライキ運動が組織された．彼女の行動は多くの若者の共感を呼び，国際的な草の根運動となった．

　IPCCの第6次評価報告書第3作業部会報告書では，緩和策について述べている．エネルギー部門では，化石燃料使用全般の大幅削減，温室効果ガスを排出しないエネルギー源の導入，エネルギー効率を高め，省エネルギーを図るなどの大規模な転換が必要である．産業部門では，削減技術や生産プロセスの革新的な変化とともに需要管理，エネルギーと材料の効率化，製品の流れなどの全体の調整が必要である．都市では，エネルギーや物質消費量の削減，電化，二酸化炭素の吸収と貯留の強化が必要である．輸送においては，電気自動車や持続可能なバイオ燃料などが緩和に効果的である．農林業分野では，持続可能な方法で実施されれば有効である．

　気候変動対策で世界をリードしている欧州連合（EU）は，2019年に「欧州グリーンディール」を公表した．温室効果ガスの排出量を2030年に55％削減，2050年に実質排出ゼロを目標とし，自然と調和した経済活動を行い，雇用創出とイノベーションを促進する成長戦略を政策としている．その政策分野として，以下の7つがあげられている．

① クリーンエネルギー

② 持続可能な産業

③ エネルギー・資源効率的な建築および改修

④ 持続可能でスマートな輸送手段

⑤ 生物多様性およびエコシステムの保全

⑥ 公平で健康な環境配慮型の食料システムを目指す「農場から食卓まで」戦略

⑦ 大気、水および土壌の汚染を防止する汚染ゼロ行動計画

　米国の社会起業家であり環境活動家のポール・ホーケンは，世界中の科学者たちと協働して地球温暖化の解決策を検証した．2020年から2050年の間に排出削減できる温室効果ガスの量を計算し，100の方法をランキングした．1位は，すでに流通している冷媒のフロンを管理・破壊し，放出が見込まれる量の87%を封じ込めることによって二酸化炭素換算で897億トンの温室効果ガスを削減できる．2位は，陸上風力発電で，この10年以内に最も安価なエネルギー源になると予測されている．2050年に今の3〜4%から21.6%に増加すれば，846億トンの削減になる．3位は食料廃棄の削減である．私たちが無駄にする食料は年間44億トンの二酸化炭素換算温室効果ガスを排出している．2050年までに食料廃棄が50%削減されれば，食料廃棄分とそれを作るための農地の森林伐採が回避されて，合計705億トンが削減される．4位は植物性食品を中心にした食生活である．家畜の飼育，特に牛の飼育はメタンを排出する．また糞尿などからもメタン，一酸化二窒素が排出される．家畜の飼料には多くの作物が使われているので，直接作物を食べるよりも排出量が多くなる．2050年までに人口の50%が，1日2,500カロリーで，肉の消費を削減すれば，661億トンの削減になる．5位は熱帯林の再生である．1億7,600万ヘクタールを再生できれば，612億トンの削減になると計算されている．これまで温暖化対策というとエネルギーの転換に注目が集まっていたが，食料の消費や女児の教育機会と家族計画（6位，7位）などに大きな削減効果があることが示されている．

（2）日本の対応

　気候変動枠組条約を 1993 年に批准し，京都議定書で約束した温室効果ガス 6％ 排出削減の約束を達成するため，取り組みの主体（国，地方公共団体，事業者，国民）の責務を定めた「地球温暖化対策推進法」を 1998 年に施行した．2002 年京都議定書を締結し，その実行のため，温室効果ガス算定・報告・公表制度の創設や京都メカニズムの活用などについて，地球温暖化対策推進法の改正を行ってきた．

　2008 年度から 2012 年度の京都議定書第 1 期期間において，森林吸収量の見込みおよび京都メカニズムの算入量を加味すると 5 か年平均で基準年比 8.4％ 減であり，京都議定書の目標 6％ 減を達成した．

　2010 年に日本は，排出量が多いアメリカ・中国を含む主要経済国が参加する新たな枠組みを構築すべきだと，京都議定書の第 2 約束期間に不参加を表明した．2016 年には，パリ協定を批准し，2015 年に提出した最初の目標は，2030 年に 2013 年度比で 26％ の削減，2050 年に基準年なしで 80％ 削減であった．その後国際的にさらなる削減が求められ，2021 年に 2030 年に 2013 年度比 46％，2050 年にカーボンニュートラル（温室効果ガスの排出から吸収を引いた量がゼロになること）を表明した．

（3）私たちにできること

　家庭でできることとしては，エネルギー消費量を減らす，車の使用を減らす，廃棄食品を減らす，肉類を食べるのを減らし，植物性食品を多く食べるようにする，リデュース・リユース・リペア・リサイクルを進める，環境に配慮した製品を選ぶなどがある．しかし，家庭での節約だけでは急激な温暖化は防げない状況である．私たちが地球温暖化問題を知って，周りに広げ，声をあげて，社会のシステムをもう少し速いスピードで脱炭素化できるよう後押ししていかなくてはならない．

第5章

地球規模の
環境問題

1 生物多様性とは

　生物の多様性とは，地球上に生存する生物が多様であるということである．「生態系の多様性」「種の多様性」「遺伝子の多様性」という３つのレベルで考えられている（図5‐21）．「生態系の多様性」とは，地球上には森林，河川，湿原，干潟，サンゴ礁，砂漠など多様な環境が存在し，それぞれに適応した生物からなる特有の生態系が存在することをいう．「種の多様性」とは，動物，植物，細菌など地球上には様々な生物種が存在することをいう．「遺伝子の多様性」とは，同じ種の中にもさまざまな遺伝子の違いがあるということをいう．歴史的には，1960年代に「種の多様性」という考え方があり，その後の研究から1980年代に「生物多様性」の概念や言葉が使われるようになった．

　私たちは生物多様性からさまざまな恩恵を受けている．私たち人間にとって多様な生物は，食物・木材・医薬品などの供給をしている．また，マングローブによる海岸の浸食の防止や森林による山崩れの防止など，生態系は自然の調節機能を果たしている．また，私たちは自然の景観に安らぎを覚えたり，大木に敬虔な気持ちを抱いたり，精神的な恩恵も受けている．そして，植物による酸素の生成や森林による水の涵養，土壌生物による土の形成など，多様な生物が作り出す生態系はすべての生命の存立基盤となっている．このように生物多様性や生態系から私たちが受ける恩恵を「生態系サービス」という（表5‐3）．

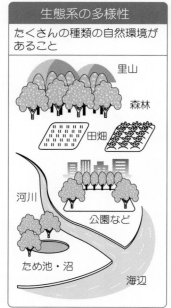

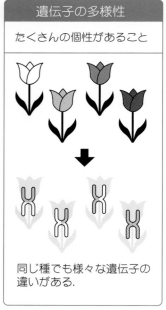

図5-21 生物多様性の３つのレベル

表5-3 生態系サービス

1. 供給サービス	生態系から得られる素材や製品 （衣食住を支える素材）	食糧，繊維，燃料，遺伝子資源，淡水など
2. 調節サービス	生態系が自然のプロセスを調節することから得られる恵み	気候調節，大気質の調節，水の調節，土壌浸食の抑制，水の浄化と廃棄物の処理，疾病予防など
3. 文化的サービス	生態系から得られる非物質的な恵み	景観，審美的価値，精神的・宗教的価値，教育的価値，レクリエーション的価値
4. 基盤サービス	他のサービスを維持するための自然の循環プロセス	土壌形成，光合成，栄養塩循環，水循環など

2 生物多様性の危機

　現在の地球上には確認されている生物種は 175 万種，まだ発見されていない種を含めると 1,000 万〜 3,000 万種が存在するともいわれている．

　国連で 2001 〜 2005 年に実施されたミレニアム生態系評価では，人間活動が主な要因で引き起こされた生物種の絶滅速度は，自然状態の約 100 〜 1,000 倍にも達しているとされた．また，22 世紀までに，鳥類の 12%，哺乳類の 25%，両生類の少なくとも 32% が絶滅するだろうとも報告された．

　絶滅のおそれのある野生生物のリストや，生活史などの情報を載せた本をレッドデーターブックという．またそのリストをレッドリストともいう．1966 年に国際自然保護連合（IUCN）が，絶滅のおそれのある生物をリストアップしたのが初めである．そのときの本の色が赤だったので，レッドデーターブックといわれるようになった．現在はデータベース化され，インターネット上で検索できる．日本では，1991 年に環境庁（当時）が作成を始めた．その後，各自治体や自然保護団体なども作成するようになった．

　IUCN レッドリスト（2022 年 10 月）では，これまで評価されたものは 147,517 種，うち 41,459 種が絶滅危惧種と評価されている．日本の 2012 〜 2013 年の環境省第 4 次レッドリスト改定 2020 では，絶滅のおそれのある種の総数は 3,716 種となっている．

パンダ　インドゾウ　カブトガニ　マリモ　トキ　アオウミガメ

3 生物多様性減少の原因

　生物多様性が減少している原因として，開発や乱獲による種の減少・絶滅や生息・生育地の減少があげられる．世界で深刻なのが熱帯林の開発による生物種の絶滅である．地球上の全生物種の4分の3は熱帯林に生息するといわれている．この熱帯林が急速なスピードで減少しており（5.5参照），そこに生息する生物種が絶滅の危機にさらされている．

　また，問題になっているのが外来生物の侵入である．人間や物の移動が広範囲に頻繁に行われるようになったのにともない，本来その環境にいなかった生物が運ばれて生息し，在来種を減少させたり，絶滅に追いやったりしている．別の生態系から来た外来種には，天敵が存在しないことが多く，本来の食物連鎖のバランスを崩してしまう．また，在来種と交雑して遺伝的な攪乱をもたらすことも問題である．

　次に地球環境の変化が生物多様性の危機の原因となっている．地球温暖化（5.2参照）の節でも述べたように，すでに温暖化による種の絶滅も報告されていて，大きな影響を与えている．

　また，日本では，里地里山などの手入れ不足による自然の質の低下があげられる．里地里山とは，農林業など人と自然の長年の相互作用を通じて形成された自然環境で，多様な生物の生息環境として，また，地域特有の景観や伝統文化の基盤としても重要な地域である（3.5 ② 参照）．近年，生活様式の変化や過疎化・高齢化などによって，人の手が入らなくなり，森林の荒廃や里地里山特有の動植物の衰退など生物多様性の劣化が進行している．

図5-22　生物多様性減少の原因

（1）国際的な取り組み

　1971 年にイランのラムサールで開催された「湿地および水鳥の保全のための国際会議」において，「特に水鳥の生息地として国際的に重要な湿地に関する条約（ラムサール条約）」が採択され，1975 年に発効した.

　この条約は，環境の観点から本格的に作成された多国間環境条約の中でも先駆的な存在である. 日本は1980年に加入した. この条約では，各締約国がその領域内にある湿地を 1 ヶ所以上指定し，条約事務局に登録するとともに，湿地の保全および賢明な利用促進のために各締約国がとるべき措置などについて規定している. 2021 年には締約国 172 ヵ国，登録湿地数 2,471 ヶ所，その合計面積は約 2 億 6 千万 ha である. 日本では，最初に釧路湿原が登録され，尾瀬や琵琶湖など 53 ヶ所（2021 年 11 月現在）が登録されている.

　また，野生生物の国際的な保護については，「絶滅のおそれのある野生動植物の種の国際取引に関する条約（ワシントン条約）」が 1973 年に採択，1975 年に発効している. 日本は 1980 年に批准した. 国際的取引を規制することによって，野生動植物を守ろうとする国際条約である. 絶滅の程度の高いものから付属書Ⅰ，Ⅱ，Ⅲに分けられ，具体的に規制する種を細かく定め，輸出入を規制している.

　生物多様性全体の保護については，「生物多様性条約」が 1992 年に採択され，地球サミット中に署名が行われ，1993 年に発効した. この条約は，① 生物多様性の保全，② 生物多様性の構成要素の持続可能な利用，③ 遺伝資源の利用から生ずる利益の公正かつ衡平な配分を目的としている. 1 ～ 2 年に 1 回締約国会議（COP）が開かれている. 2000 年には「生物多様性に関する条約のバイオセーフティに関するカルタヘナ議定書」が作成され，2003 年に発効した. これは，遺伝子組み換え生物の輸出入などに関して手続きを定めたものである. 2010 年には名古屋で COP 10 が開かれ，「新戦略計画・愛知目標」が決められた. また，「遺伝資源の取得と利益配分に関する名古屋議定書」が採択された. 2020 年に地球規模生物多様性概況第 5 版が公表され，2020 年までの愛知目標の多くが達成できていない現状が報告されている. また 2020 年の国連総会の最終日に国連生物多様性サミットが開かれ，イギリスのジョンソン首相が「リーダーによる自然への誓約」を呼びかけた.

（2）日本国内の取り組み

1992 年に「絶滅のおそれのある野生動植物の種の保存に関する法律（種の保存法）」が成立し，外国産の希少野生生物の保護と，国内に生息・生育する希少野生生物の保護について規定されている．

また，2008 年には，生物多様性の保全および持続可能な利用に関する施策を，総合的かつ計画的に推進することにより豊かな生物多様性を保全し，その恵沢を将来にわたって享受できる自然と共生する社会を実現し，地球環境の保全に寄与することを目的に，「生物多様性基本法」がつくられた．基本原則としては，生物多様性の保全と持続可能な利用をバランスよく推進していくことと，保全や利用に際しては，予防的順応的取り組み方法や長期的な観点に立つこと，温暖化対策との連携をしていくことである．そして，生物多様性国家戦略を策定する義務を課している．2012 年に策定された「生物多様性国家戦略 2012-2020」では，愛知目標の達成に向けた我が国のロードマップを提示し，以下の 5 つの基本戦略を設定している．

① 生物多様性を社会に浸透させる
② 地域における人と自然の関係を見直し・再構築する，
③ 森・里・川・海のつながりを確保する
④ 地球規模の視野を持って行動する
⑤ 科学的基盤を強化し，政策に結びつける

（3）私たちにできること

国連は 2011 年から 2020 年までの 10 年間を「国連生物多様性の 10 年」と定めた．国内では，「国連生物多様性の 10 年日本委員会」（UNDB-J）が 2011 年 9 月に設立された．この委員会が「MY 行動宣言」として以下の 5 つの行動を推進している．

Act1　地元でとれたものを食べ，旬のものを味わいます．
Act2　生の自然を体験し，動物園・植物園などを訪ね，自然や生きものにふれます．
Act3　自然の素晴らしさや季節の移ろいを感じて，写真や絵，文章などで伝えます．
Act4　生きものや自然，人や文化との「つながり」を守るため，地域や全国の活動に参加します．
Act5　エコマークなどが付いた環境に優しい商品を選んで買います．

また，民間団体（NGO）として生物多様性に取り組んでいる「日本自然保護協会」，「公益財団法人世界自然保護基金ジャパン（WWF ジャパン）」，「公益財団法人日本野鳥の会」などの活動に参加や支援をすることも，生物多様性の保護に役立つ．

4 ▷ 酸性雨

1 酸性雨と発生源

　酸性雨とは，大気汚染物質が原因となって酸性の雨が降ることをいう．雨だけでなく，霧（酸性霧）や雪（酸性雪）などの湿性沈着，およびガスやエアロゾル（気体中に浮かぶ微粒子）の形態で沈着する乾性沈着をあわせて酸性雨と呼んでいる．正常な雨は，大気中の二酸化炭素が溶け込んで pH 5.6 くらいであるので，酸性雨とは pH 5.6 以下を大体のめやすとしている．

　火力発電所，工場などの固定発生源や自動車，飛行機などの移動発生源，また，火山噴煙のような自然発生源から硫黄酸化物（SO_x）や窒素酸化物（NO_x）が排出される．これが大気中で化学変化を起こし，硫酸や硝酸などに変化する．この硫酸や硝酸などが雲に取り込まれたり（レインアウト），雨や雪などに取り込まれて（ウォッシュアウト），地上に降下して酸性雨となる（図5-23）.

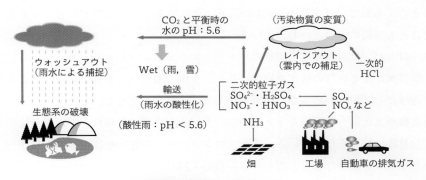

図5-23 酸性雨のでき方

2 酸性雨の状況

　北ヨーロッパでは 1950 年代から湖沼の魚の減少や文化財の損傷が問題になり，酸性雨が原因であることがわかってきた．1960 ～ 1970 年代に降雨の酸性化が進み，その原因が中部ヨーロッパ諸国からの大気汚染物質の長距離移動によってもたらされたことが判明した．これが契機となって，1973 年にはストックホルムで「国連人間環境会議（2.3 参照）」が開かれた．降雨の測定については，1940 年代にスウェーデンで始まり，1977 年には国連欧州経済委員会（UNECE）のもとで長距離移動大気汚染物質モニタリング・欧州共同プログラム（EMEP）が発足して，ヨーロッパ全域にわたる酸性雨の観測網がつくられた．これらによれば，1978 ～ 1982 年の平均では，東ドイツ，オランダ，ポーランド，南部スカンジナビアで最小の pH 4.1 以下になっていた．1989 年には pH 5.0 以下の地域が多かった．

1970 年代には北アメリカ東部でも，酸性雨が深刻な問題になっていた．1976 年にはカナダで降水を観測する測定網がつくられた．アメリカでも 1978 年に国内の観測計画がつくられた．1980 年にはアメリカでは「酸性物降下法」が作られ，さらに調査が行われた．これらの結果では，五大湖の東部で酸性が強く，1980 年代に pH 4.2 以下の地域も見られた．

1980 年代になると東アジアでも酸性雨への関心が高まり，中国でも工業の発達とともに深刻になっていることがわかった．2001 年より東アジア酸性雨モニタリングネットワーク（EANET）が本格稼働した．これによる日本の 2016 〜 2019 年の平均値は pH4.5 〜 5.4 であった．

3 酸性雨の影響

人体に対しては眼や皮膚に刺激を与える．1973 〜 1975 年に関東地方で汚染された霧雨による人体への被害が発生した．

北欧では，湖沼の魚類の減少や死滅が起こった．これは，酸性雨や酸性雪の雪解け水が湖沼に流入し，湖沼水の pH を低下させ，魚類やえさとなるプランクトンに影響を与えたためと考えられている．また，pH の低下によりアルミニウムなどの有害な金属が溶け込んだことも原因の 1 つといわれている．

ヨーロッパでは森林被害も深刻で，ドイツのシュバルツバルト（黒い森）も被害を受けた．酸性雨による直接の被害だけではなく，土壌の酸性化で養分が溶出することや有害金属が溶けだして根を傷めるなどの影響があり，森林が衰退した．

建造物や文化財へも損傷を与えている．大理石や金属で作られている像や建物を溶かしたり，遺跡に被害を与えている．また，コンクリートの建物や高速道路を溶かし，コンクリートつららが観察できるところもある（図5 - 24）．

| 顔が溶けた石像
（ポーランド） | ドイツの森林被害
（ドイツ・オーバービーゼルタール） | コンクリートつらら |

図5-24 酸性雨の被害

4 酸性雨の対策

(1) 国際的な取り組み

　酸性雨の原因物質は国境を超え長距離に移動していることから，関係国での国際的な取り組みが必要となった．ヨーロッパでは先に述べたように，1977 年にまず酸性雨の測定網が整備され，その実態が深刻なことが明らかになった．そこで，1979 年に国連欧州経済委員会によって「長距離越境大気汚染条約」が採択され，1983 年に発効した．ヨーロッパ諸国と米国，カナダなどが加盟した．加盟国に対して，酸性雨などの越境大気汚染の防止対策を義務づけるとともに，酸性雨などの被害影響の状況の監視・評価，原因物質の排出削減対策，国際協力の実施，モニタリングの実施，情報交換の推進などを定めた．この条約に基づき 1985 年には硫黄酸化物の削減を定めたヘルシンキ議定書，1988 年には窒素酸化物の削減を定めたソフィア議定書などがつくられている．その後，ヨーロッパの多くの地域で，硫黄沈着量は 1970 年代以降，硝酸沈着量は 2000 年以降減少してきている．ヨーロッパでは，酸性化した湖沼に石灰の散布も行われた．

　北アメリカでは，カナダとアメリカの 2 ヵ国で問題となっていたので，1980 年に越境大気汚染対策の 2 ヵ国間の覚書が交わされた．その後 1991 年になりやっと 2 ヵ国間協定が結ばれた．そして，2000 年以降にアメリカでの硫黄沈着量，硝酸沈着量が減少している．

　一方，アジアでの発生と対策は遅れている．先に述べたように，2001 年よりモニタリングのネットワークが稼働し，参加国間の協議や研究交流が行われた．

(2) 日本の取り組み

　酸性雨の原因は，硫黄酸化物や窒素酸化物であり，日本国内では 1970 年代の公害問題の発生後，国内の法規制が厳しくなり，硫黄酸化物や窒素酸化物の排出量は減少している．

　しかし，長距離汚染も問題となっている．環境省（庁）は，1983 年から酸性雨モニタリングを行って監視している．

(3) 私たちにできること

　石油・石炭などの燃焼や自動車からの排気ガスで硫黄酸化物・窒素酸化物が排出されるので，省エネルギーや廃棄物の削減，エコカーの利用などが大切である．大量生産・大量消費・大量廃棄型のライフサイクルを見直すことが重要である．

第5章

地球規模の
環境問題

5 ▷ 森林の減少と砂漠化

1 森林の減少とその原因

　世界の陸地面積の31%（約40億ha）が森林であるが，世界の森林面積は2010年から2020年の間に470万ha減少している．しかし，1990年から2000年の間の減少に比べると，減少速度は減速している．地域別にみると，アフリカ，南米での減少が多い（**図5-25**）．減少している国は，ブラジル，コンゴ共和国，インドネシアの順である（**表5-4**）．このように熱帯林の減少が顕著である．一方，増加している国は，中国，オーストラリア，インドの順である．

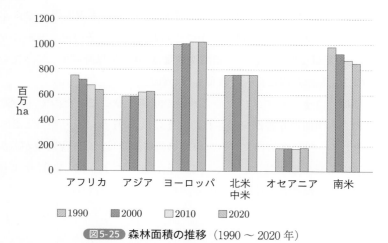

図5-25 森林面積の推移（1990〜2020年）

資料）林野庁HP（https://www.rinya.maff.go.jp）「FAO森林資源評価2020」より作成

表5-4 年平均森林面積減少国（左）・増加国（右）上位10ヵ国

順位	国	森林面積純変化 1,000ha/年	%	順位	国	森林面積純変化 1,000ha/年	%
1	ブラジル	-1,496	-0.30	1	中国	1,937	0.93
2	コンゴ民主共和国	-1,101	-0.83	2	オーストラリア	446	0.34
3	インドネシア	-753	-0.78	3	インド	266	0.38
4	アンゴラ	-555	-0.80	4	チリ	149	0.85
5	タンザニア連合共和国	-421	-0.88	5	ベトナム	126	0.90
6	パラグアイ	-347	-1.93	6	トルコ	114	0.53
7	ミャンマー	-290	-0.96	7	アメリカ合衆国	108	0.03
8	カンボジア	-252	-2.68	8	フランス	83	0.50
9	ボリビア	-225	-0.43	9	イタリア	54	0.58
10	モザンビーク	-223	-0.59	10	ルーマニア	41	0.62

　変化率（%）は年平均率として算出
　資料）林野庁HP（https://www.rinya.maff.go.jp）「FAO森林資源評価2020」より作成

熱帯林の破壊の背景には，開発途上国の急激な人口増加と貧困がある．伝統的な焼畑耕作では，長期間休耕することで木を成長させ土地の地力を回復させていたが，急激な人口増加で，休耕期間を短縮してしまい，森林が再生しないで減少し，土地の劣化や砂漠化を引き起こしてしまった．さらに，農耕地の不足や移住政策によって森林を伐採して農地や放牧地へ転用した．また，薪炭材の過剰伐採や家畜の過放牧によっても森林が減少していった．それらに加え，不適切な商業伐採や森林火災なども熱帯林の減少の原因となっている．また，近年は世界的な食料やバイオ燃料などの需用増加により，森林を伐採してオイルパームのプランテーションやサトウキビ農園，牧場へ転換する土地利用の転換も増加している．

　森林の破壊は木材資源の減少につながり，栽培環境も悪化してかえって農作物の収穫が減り，地域住民の生活基盤が失われることになった．森林にはたくさんの機能がある（図5-26）．森林は水の涵養作用があるので，森林破壊により，洪水，土砂災害，土の流出なども起こる．人間だけでなく，野生生物の生活空間が奪われ，大規模な野生生物種の絶滅も起こっている．さらに，森林は，水分循環や二酸化炭素吸収を通して気候にも大きな影響を与える．

図5-26 森林の機能

第5章 地球規模の環境問題

133

2 森林の保全

1970年代後半から1980年代にかけて，熱帯林が急激に減少・劣化し，国際的な問題として認識されるようになった．国連は1985年を「国際森林年」と定め，国連食糧農業機関（FAO）が中心となって地球規模での普及啓発活動を展開した．熱帯林がある国は，開発途上国がほとんどで，持続可能な森林経営のために先進国の援助が必要である．同年，熱帯林の保全および持続可能な経営，利用を推進するために，国連食糧農業機関で「熱帯林行動計画」が採択され，多くの開発途上国において取り組みが進められた．1986年には，熱帯木材の安定的な供給と熱帯林の適切かつ効果的な保全・開発の推進を目的に国際熱帯木材機関（ITTO）がつくられた．

1992年の地球サミットにおいて，「森林原則声明」が出された．これは，法的拘束力のないものであるが，森林に対する初めての世界的合意であった．この声明では，各国の主権の確認，森林の保全，持続可能な経営・開発，国際協力などの実現に向け国レベル，国際レベルで取り組むべき15項目が決められた．その後，国際的に森林について話し合う場が設けられ，2000年からは国連森林フォーラムで引き続き検討されてきた．2015年の第11回会合では「2015年以降の森林に関する国際的な枠組」が決議された．また2017年の特別会合では6つの世界森林目標と26のターゲットを掲げた「国連森林戦略計画2017-2030」が採択された．

また，2011年からドイツ政府と国際自然保護連合（IUCN）によって，2020年までに劣化した森林1億5000万ha，2030年までに3億5,000万haの再生を目指す「ボン・チャレンジ」が行われ，インドネシア，中国，ブラジル，コスタリカなどが森林の修復に取り組んでいる．2022年時点で，2億1,012万ヘクタールを再生するという誓約が集まっている．

2015年に出されたSDGsでは，ターゲット15.2で「2020年までに，あらゆる種類の森林の持続可能な経営の実施を促進し，森林減少を止め，劣化した森林を回復させ，世界全体で新規植林と再植林を大幅に増やす．」（付録2参照）と書かれている．

現在，途上国では法令などに違反して森林伐採が行われる違法伐採が問題となっている．日本では，国内で利用する木材の76％を輸入しており，2006年の「グリーン購入法」により政府調達の対象を合法性・持続可能性が証明された木材とする措置を取っている．また，2017年に民間に対しても合法な木材の利用を促進するために「グリーンウッド法」を作った．しかし，努力義務で罰則もないので，違法伐採を取り締まれるのかNGOなどから疑問も出されている．

3 砂漠化の進行とその原因

砂漠化とは，砂漠化対処条約では「乾燥地域，半乾燥地域，乾燥半湿潤地域における気候上の変動や人間活動を含むさまざまな要素に起因する土地の劣化」と定義されている．

砂漠化の影響を受けやすい乾燥地域は地表面積の4割以上で，地球温暖化により今後さらに増加すると予測されている（**図5-27**）．砂漠化の原因には気候的要因と人為的要因があり，相互に関連している．熱帯林の減少と同じく，貧困や急激な人口増加，市場経済の進展が背景にあり，脆弱な生態系の中で，その許容限度を超えて過放牧，薪炭材の過剰採取（森林減少），過耕作などが行われ，砂漠化を引き起こしている（**図5-28**）．また，不適切な灌漑による農地の塩分濃度の上昇（塩害）も砂漠化の原因となっている．

　近年，地球上でどれくらいの面積が砂漠化しているかについては，土地劣化を推定する手法によって，その面積や程度の推定が大きく異なり，世界全体の土地劣化面積では10億ha以下のものから60億haを超すものまで幅があり，今後の研究が待たれている．

　土地の劣化により生態系が劣化すると，作物，飼料，家畜の生産や，水の供給を不安定にして，住民の生活環境が悪化する．一度乾燥地の生態系が損なわれると，元のとおりに回復させることは困難で，農業生産性の低下，貧困の加速などに陥る．また，砂漠化により生物多様性の喪失を招き，気候変動にも影響を与える．

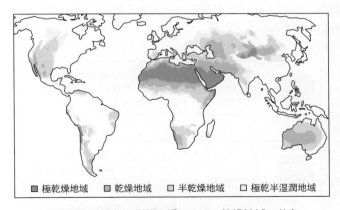

■ 極乾燥地域　■ 乾燥地域　□ 半乾燥地域　□ 極乾半湿潤地域

図5-27 砂漠化の影響を受けやすい乾燥地域の分布

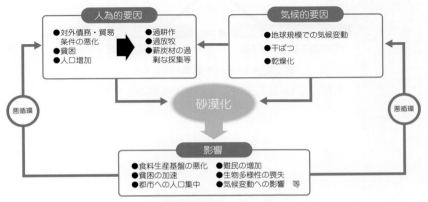

図5-28 砂漠化の原因と影響

資料）地球環境研究会「地球環境キーワード事典」中央法規 2008 年より作成

4 砂漠化防止対策

　1960年代〜1970年代初頭のアフリカ・サヘル地域での大干ばつを背景として，1977年に国連環境計画（UNEP）が中心となり国連砂漠化対処会議が開催され，「砂漠化対処行動計画」が採択されるなど，国連レベルでの取り組みがスタートした．

　1994年には「深刻な干ばつ又は砂漠化に直面する国（特にアフリカの国）における砂漠化に対処するための国際連合条約（砂漠化対処条約）」が採択され，1996年に発効した．砂漠化対処条約は，基本的な取組の方向を「原則」として示し，先進国からの資金の提供を中心課題として位置づけている．また，砂漠化の影響を受けている締約国に行動計画の策定を義務づけている（図5-29）．2015年のSDGsのターゲット15.3では，「2030年までに，砂漠化を食い止め，砂漠化や干ばつ，洪水の影響を受けた土地を含む劣化した土地と土壌を回復させ，土地劣化を引き起こさない世界の実現に尽力する．」と砂漠化にふれられている（付録2参照）．

　日本の取り組みとしては，① 国際機関への資金の拠出，② 二国間援助，③ NGO支援を通じた草の根レベルの協力などを行っている．

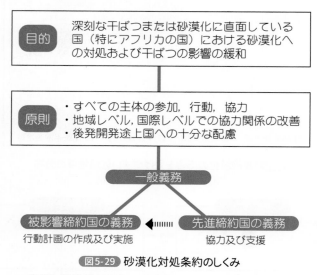

図5-29 砂漠化対処条約のしくみ

資料）環境省HP（http : //www.env.go.jp）より作成

6 ▷ 海洋プラスチックごみ

1 プラスチックによる海洋汚染問題

　海に捨てられたプラスチックが目立つようになったのは 2010 年前後といわれている．同時期に海洋プラスチックごみについての研究も盛んに行われるようになったが，まだ研究が始まってからの期間が短いので，科学的によくわかっていない面もある．

　プラスチックとは主に石油から化学的に合成された高分子物質で，熱や圧力を加えることにより成形加工ができ，簡単にさまざまな形の大量の製品をつくることが可能である．また，軽くて強く，透明性があり，着色も自由にほどこすことができ，電気的絶縁性や断熱性を持ち，衛生的にも優れている．そのため，私たちの身のまわりで便利に使われ，生活になくてはならないものになってきた．

　プラスチックが広く普及したのは 1950 年代以降で，2015 年までの 65 年間に，世界で製造されたプラスチックは 83 億 t で，さらに製造量は増加を続けている．そして，生産の増大に伴い廃棄量も増えており，63 億 t がごみとして廃棄されたといわれている．リサイクルや焼却されているプラスチックの割合は低く，現状のペースでは，2050 年には 120 億 t 以上のプラスチックが埋め立てまたは自然投棄されると予測されている（図5-30）．

　管理せずに捨てられたプラスチックの廃棄量が多い国の上位 6 ヵ国はアジアの国々で，しかも上位 10 ヵ国中 8 ヵ国がアジアの国であった（表5-5）．日本は 30 位となっている．世界全体を合計すると年間 3,000 万 t ものプラスチックが廃棄されていた．

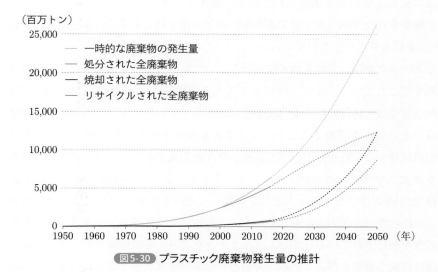

（百万トン）

凡例：
- 一時的な廃棄物の発生量
- 処分された全廃棄物
- 焼却された全廃棄物
- リサイクルされた全廃棄物

図5-30 プラスチック廃棄物発生量の推計

資料）環境省 HP（https://www.env.go.jp）より作成

出典）Geyer, R., Jambeck, J. R. & Law, K. L.（2017）

表5-5 2010 年の国別廃棄プラスチック重量

順位	国名	プラスチック重量（t/年）
1	中国	8,819,717
2	インドネシア	3,216,856
3	フィリピン	1,883,659
4	ベトナム	1,833,819
5	スリランカ	1,591,179
6	タイ	1,027,739
7	エジプト	967,012
8	マレーシア	936,818
9	ナイジェリア	851,493
10	バングラデシュ	787,321
・・・・・・・・・・・・・・・・・		
30	日本	143,121
世界の合計		31,865,274

Jambeck et al., (2015) の 10 位までの国に日本を加えたもの

資料）磯辺篤彦「海洋プラスチックごみ問題の真実」化学同人，2020 より作成

　これらの自然投棄されたプラスチックごみの多くは河川から海へと流れ込み，海洋プラスチックごみになると考えられている．2015年にすでに世界の海に存在しているプラスチックごみは，1 億 5,000 万 t といわれている．そして新たに毎年 800 万 t のプラスチックごみが海に流入していると推定されている．海洋プラスチックごみの多くは，このように陸上で廃棄されたプラスチックであるが，海で廃棄された漁業ごみも，重量比や個数比で10 〜 25％になると推定されている．

　プラスチックが持つ分解されずに長持ちする性質から海洋プラスチックごみはさまざまな問題を起こしている．まず，海洋プラスチックごみは，海岸に漂着して景観を損なう．観光地などでは，清掃に膨大な費用や労力がかかっている．また，海洋生物がプラスチックごみやその破片を誤食することによる被害も報告されている．1980 年代初頭に死んだ海鳥の消化管から 100 片以上のプラスチック片が発見されたそうだ．海鳥はプラスチックごみを誤食しやすく，コンピューター・シミュレーションの研究では，2050 年までに海鳥全種類の 99％ がプラスチックごみを誤食し，そのうち 95％ の胃袋からプラスチックごみが見つかるだろうとの予測をしている．この他にもウミガメ，クジラ，オットセイなどでも誤食が報告されている．また，プラスチックごみ，特に廃棄された漁網の絡まりも海洋生物に深刻な被害を与えている．浮遊しているプラスチックごみに付着して外来生物が移動することも報告されている．また，PCB などの有害物質がプラスチックごみに付着し，誤食した海鳥の体内に蓄積することが確かめられている．

2 マイクロプラスチック

マイクロプラスチックとは直径5mm以下の小さなプラスチックのことである．海洋プラスチックごみは，紫外線や波の作用などの外的な刺激を受けて劣化し，細かく砕ける．この変化は主に海岸で行われていると考えられている．そして，波でまた海に運ばれる．それ以外に，洗顔料や歯磨き粉などに含まれるプラスチックビーズなどの，製造時点ですでに細かいプラスチックもあり，これらも川から海へ流れ込んでいる．マイクロプラスチックは，自然分解することはなく，数百年間以上もの間，自然界に残り続けると考えられている．海流などの影響を受けて，世界中の海に分布している（図5-31）．アジアからのプラスチックの排出が多い影響もあり日本付近の濃度が高い．

製造の際に化学物質が添加される場合があったり，漂流する際に化学物質が吸着したりすることで，マイクロプラスチックには有害物質が含まれていることが心配されている．大きいプラスチック片と同様に海の生物による誤食での被害が問題となる．非常に小さいことから，クジラからプランクトンに至るまでの幅広い種類の生物の体内から，マイクロプラスチックが見つかっている．また，魚介類を通して，人間の体内にも取り込まれているのではないかと懸念されている．

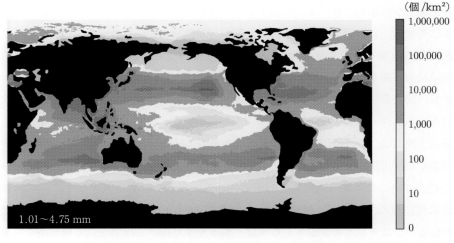

（個/km²）

1,000,000

100,000

10,000

1,000

100

10

0

1.01〜4.75 mm

図5-31 マイクロプラスチックの密度分布（モデルによる予測）

資料：環境省 HP（https://www.env.go.jp）より作成

出典：Erikson（2014）

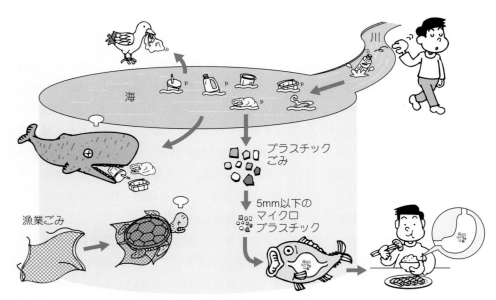

図5-32 海洋プラスチックごみ問題

3 対 策

　2019年に開催されたG20大阪サミットにおいて，2050年までに海洋プラスチックごみによる追加的な汚染をゼロにまで削減することを目指す「大阪ブルー・オーシャン・ビジョン」を日本は提案し，首脳間で共有された．他国や国際機関などにもビジョンの共有を呼びかけ，2021年5月現在，87の国と地域が共有している．また，2022年に開催された第5回国連環境総会再開セッションにおいて，海洋プラスチック汚染を始めとするプラスチック汚染対策に関する法的拘束力のある国際文書（条約）について議論するための政府間交渉委員会を立ち上げる決議が採択された．

　開発途上国では，ごみの回収処理システムが整っていない国が多くあり，プラスチックごみの多くが河川から海へと流れ出ている．まずはプラスチックごみの回収，処理のシステムを整えていくことが早急に必要である．一方，日本ではプラスチックごみの約99％が適正に処理されているが，残り1～2％で年間14万t を排出している(表5-5)．社会で使われるプラスチックの量が多くなれば，処理をすり抜けて排出される量も多くなるので，全体のプラスチックの量を減少させていくことも必要である．過剰包装や利便性を重視したライフスタイルが，プラスチックごみを増やし続ける要因のひとつになっているので，私たちもライフスタイルを見直していくことが重要だ．

7 ▷ 人口増加・食糧問題

1 人口増加

　世界の人口は産業革命後に大きく増加しはじめ，20世紀には急激に増加したが，21世紀には増加のペースは低下してきている．1987年に50億人，1998年には60億人，2022年には80億人になると推計されている（図5-33）．しかし，先進国ではあまり増加しておらず，世界人口の増加のほとんどは開発途上国における人口増加である（図5-34）．2022年の人口の多い上位3ヵ国は，中国，インド，アメリカである．世界人口推計2022年版の将来予測によると，世界の人口は2030年に85億人，2050年に97億人，2080年代中に104億人でピークに達し，2100年までそのレベルに留まると予測されている．今後，サハラ以南のアフリカ諸国は増加を続け，2100年までの世界人口増加の半分以上を占めると予想されている．

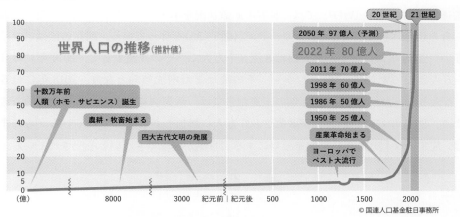

図5-33 世界人口の推移（推計値）

資料）国連人口基金駐日事務所 HP（https://tokyo.unfpa.org/）より作成

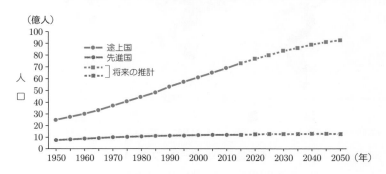

図5-34 先進国と途上国の人口の推移

出典）World Population Prospect : The 2012 Revision
資料）総務省統計局 HP（www.stat.go.jp）より作成

141

　開発途上国での急激な人口増加の原因として，社会保障が発達していない中で，子どもを労働力や老後の保障と考えるため，子どもの数が多いこと，低年齢での婚姻・出産，避妊の知識や手段がないことなどがあげられる．しかし，子どもの人数が多いことで，食料がいきわたらず，人口増加で就職難になるなど，かえって貧困の悪循環を招いている．

　急激な人口増加から，森林伐採，砂漠化，洪水，干ばつなど生態系の危機が起こっている．また，職を求めて農村から都市へ人々の流入が起こり，都市環境の悪化などの都市問題も引き起こしている．

2　世界の食糧問題

　世界の食糧[*1]問題の大きな特徴としては，「飽食の国」と「飢餓の国」が同時に共存していることである．「飽食の国」は世界中からあらゆる食料を手に入れ，高タンパク質・高脂肪の食事を摂取している．国民の生活習慣病や肥満が問題になっている国である．一方，「飢餓の国」は，必要栄養量さえ満たせない人々を多く抱えている国である．

　国連世界食糧計画（WFP）では，世界の飢餓状況を示すために，国ごとの栄養不足人口の割合を色分けして表現したハンガーマップ（**図5-35**）を作っている．飢餓の国はアフリカに多い．2005年には栄養不足人口は8億3千万人で，その後減少して，2014年には6億3千万人となった（**図5-36**）．しかし，その後はまた増加傾向となり，2018年には6億8千万人となった．さらに2022年の国連報告では，新型コロナウィルスの世界的な流行により，2021年には飢餓人口が8億2,800万人に増加したと発表されている．このままでは，SDGsの「2030年に飢餓をゼロにする」目標が達成できないと心配されている．

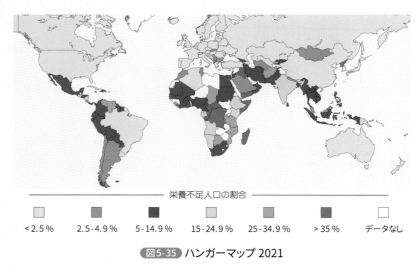

栄養不足人口の割合

| < 2.5 % | 2.5-4.9 % | 5-14.9 % | 15-24.9 % | 25-34.9 % | > 35 % | データなし |

図5-35 ハンガーマップ 2021

資料）国連WFP協会HP（http://ja.wfp.org）より作成

[*1] 食糧　主食となる穀物を指すときに使う．食料は食べ物全般．

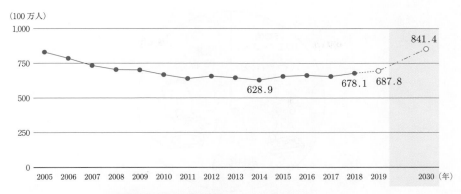

（100万人）

図5-36 世界の栄養不足人口の推移（出典：FAO）

2019年からは予測値，2030年は長期予測値でCOVID-19の潜在的な影響を考慮していない．
資料）2020年版国連「世界の食料安全保障と栄養の現状」報告書より作成

　世界の穀物生産量は年々増加していて，2021年には約28億tが生産されている（図5-37）．これを79億人で分けると，1人1日で約970g分になる．穀物をそのままで食べれば，1人には多すぎる量である．しかし，世界で生産される穀物の半分以上は家畜のエサや加工原料に使われている（図5-38）．もともと牛は草を食べる動物であるが，効率的に生産するために穀物をエサとして飼育しているものが多く，畜産物を食べることは，穀物そのものを食べるのに比べ何倍もの穀物を消費していることになる．そのため，飽食の国では，大量の穀物を消費している．

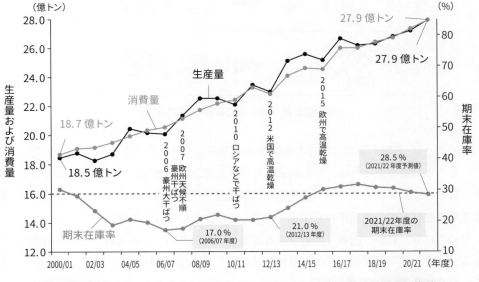

図5-37 穀物（米，とうもろこし，小麦，大麦など）の生産量・需要量の推移
資料）農水省HP（http://www.maff.go.jp）より作成

図5-38 世界の穀物消費の内訳

資料）FAO Food Outlook 2022 より作成

〈畜産物を育てるのに必要な穀物〉

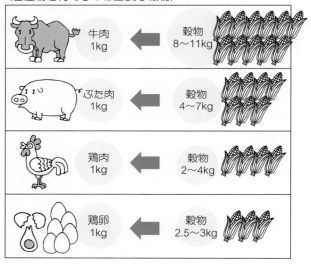

図5-39 畜産物を育てるのに必要な穀物

　このように，飢餓の原因は世界の食糧生産が不足しているのではなく，食糧の分配が偏っていることにある．それは，南北問題と呼ばれる先進国と開発途上国の経済的な格差が大きいことが原因になっている．開発途上国が債務を返済するために，国内の自給的な食糧生産を犠牲にして，商品作物を生産・輸出しているということも問題となっている．

　その他にも，戦争や内戦，国の中でも貧富の差が大きいなどの政治・経済体制の問題もある．また，地球温暖化が進み，気候変動による干ばつや大雨などにより，食糧生産が減少した地域も多い．

　近年，新型コロナの世界的な流行により，食糧価格が上昇してきたところに，ロシアのウクライナ侵攻により，さらに食糧価格が高騰し，飢餓人口が増加している．

③ 人口・貧困問題の解決に向けて

（1）国際的な取り組み

　国連は 1967 年に国連人口基金を設立し，人口問題への取り組みを開始した．1950 〜 1970 年代は国際社会が開発途上国に対し，避妊や家族計画を推進した．1974 年にルーマニアで開かれた世界人口会議で，世界人口行動計画が採択された．この行動計画では，人口問題と社会的・経済的発展の問題との相関関係を考慮に入れるべきことが強調され，人口政策はあくまで各国の主権の問題であり，子どもの数を決定する夫婦および個人の権利が確認された．

　1994 年にカイロで国際人口開発会議（カイロ会議）が開かれ，リプロダクティブ・ヘルス／ライツ（性と生殖に関する健康／権利）の推進が，今後の人口政策の大きな柱となるべきことが合意された．カイロ会議は人口政策の大きな転換点となった．これ以前は途上国の人口爆発が問題とされ，どうやって人口増加を抑えて 1 人当たりの経済成長率を確保するかが課題だったが，単に数を問題にするのではなく，女性の権利，特に自由に子どもをつくる権利を保障することが重視されるようになった．このため，人口政策の焦点がそれまでの国レベル（マクロ）から個人レベル（ミクロ），中でも特に女性に大きくシフトした．また，人口問題と開発問題が密接に関連し，相互に影響しあうという考え方が国際的な共通認識となった．

　そして，2000 年に国連ミレニアム・サミットが開かれ，開発分野における国際社会共通の目標としてミレニアム開発目標（MDGs）がまとめられた．ミレニアム開発目標は 8 つの目標を掲げており，その下にはより具体的な 21 のターゲットと 60 の指標が設定され，ほとんどの目標は 1990 年を基準年とし，2015 年を達成期限とした．

　目標 1 の「極度の貧困と飢餓の撲滅」では，1 日 1.25 ドル未満で生活する人口の割合を半数以下に減少でき，栄養不良人口もほぼ半減させて，目標達成ができた．目標 2 の「初等教育の完全普及の達成」では，初等教育の就学率が 80％ から 91％ へ上昇した．目標 3 の「ジェンダーの平等の推進と女性の地位向上」では，開発途上国の 3 分の 2 以上で，初等教育の就学率における男女格差が解消された．その他の目標でも前進が見られ，多くの成果が得られた．一方，サハラ以南のアフリカや南アジアにおいては，目標が達成できず，地域間の格差がみられた．

　2015 年からは持続可能な開発目標（SDGs）（2.3 参照）に引き継がれ，「誰ひとり取り残さない」が重要なスローガンとなっている．

（2）日本の取り組み

　日本の政府はODA（政府開発援助）により，開発途上国に経済援助をしている．日本のODA実績は，1990年代はトップであったが，2010年代には世界第4〜5位で，2018年から経済協力開発機構（OECD）の開発援助委員会において計上方式が変更になり，やや増加している（**図5-40**）．日本は1954〜2019年の間に190ヵ国・地域に対して累計支出総額67兆円，183ヵ国・地域に計19万7千人の専門家を派遣している．ODAには，開発途上国を直接支援する2国間援助と，国際機関を通じて支援する多国間援助がある（**図5-41**）．2国間援助の金額が多く，無償資金協力では，アジアやアフリカへの援助の割合が多い．有償資金協力では，アジアへの支援が77％と多い．日本の援助の特色として，①自助努力の後押し，②持続的な経済成長，③人間の安全保障（人間1人ひとりに着目し，生存・生活・尊厳に対する広範，深刻な脅威から人々を守り，すべての人の自由と可能性を実現すること）を大切にしている．

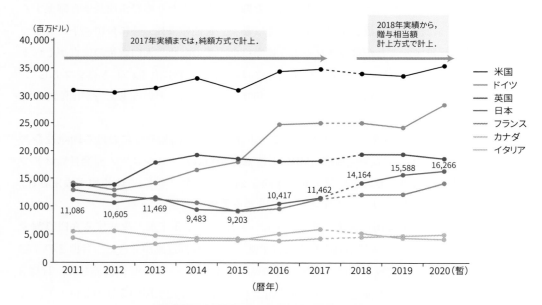

図5-40 主要国の政府開発援助実績の推移

出典）OECD/DAC
注）卒業国向け実績を除く．
資料）外務省HP（http：//www.mofa.go.jp）より作成

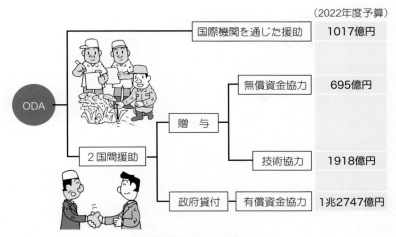

（2022年度予算）

図5-41 ODA による経済協力

資料）金額は国際協力機構年次報告 2022（https://www.jica.go.jp）と外務省 ODA 予算（https://www.mofa.go.jp）を参照.

4 食糧問題の解決に向けて

（1）国際的な取り組み

　食糧問題に関しては，1996 年にローマで「世界食糧サミット」が初めて開かれ，2015 年までに飢餓人口を半減するとの目標を掲げた「ローマ宣言」が採択された．また，このサミットのときに同時に行われた NGO（非政府組織）の会合で，「食料（糧）主権」という考え方が提出された．これは，世界の食糧問題は，国際貿易によって解決されるという超大国や多国籍企業の考えに反対して，「すべての国の人々が，自分たちの食糧・農業政策を自分たちで決める権利を持つ」という考え方である．2009 年には，飢餓人口の急激な増加を背景に「世界食料安全保障サミット」がローマで開かれ，国際的に飢餓をなくすために取り組んでいくことが確認された．「食料安全保障」とは，全ての人が，必要十分で安全で栄養価に富みかつ食物の嗜好を満たす食料を得るための物理的，社会的，および経済的アクセスができることである．

　SDGs の目標 2 では，「飢餓を終わらせ，食料の安定確保と栄養状態の改善を実現し，持続可能な農業を促進する」を掲げている（付録 2 参照）.

（2）日本での取り組み

　国際協力については，人口・貧困問題で述べた．食料については，日本は他の先進国に比べて食料自給率が低い（図5 - 42）．また食品廃棄量が多いことも問題になっている．そこで，自給率を高める取り組みや食品廃棄物を減らす取り組みなどが行われている（3.1参照）.

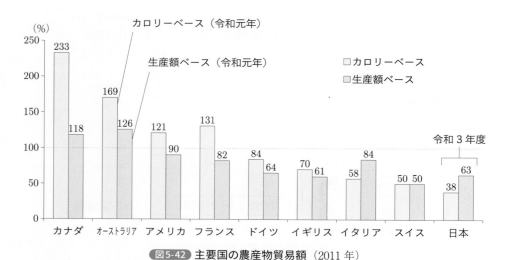

図5-42 主要国の農産物貿易額（2011 年）

資料）農林水産省 HP（http://www.maff.go.jp）より作成
注）EU 加盟国の輸入額，輸出額は EU 域内の貿易額を含む.

（3）私たちにできること

　人口問題・貧困問題・食糧問題は複雑に関係し合っていて，南北問題・貿易問題などとも関連している．まずは関心を持って，いろいろな知識を学ぶことが必要である．そして，先進国と開発途上国の経済的な格差の問題も関わっているので，問題が解決される方向で国際的な仕組みや各国内の仕組みを変えていく努力をしなくてはならないだろう．貿易の不公平の仕組みを変えるための市民運動の1つとして「フェアトレード（公平な貿易）」がある．

　フェアトレードとは，開発途上国の原料や製品を適正な価格で継続的に購入することにより，立場の弱い開発途上国の生産者や労働者の生活改善と自立を目指すものである．現在のグローバルな国際貿易の仕組みは，経済的にも社会的にも弱い立場の開発途上国の人々にとって，ときに不公平で貧困を拡大させるものだという問題意識から，南北の経済格差を解消する「もう1つの貿易の形」としてフェアトレード運動が始まった．フェアトレードの商品として紅茶やコーヒー，チョコレートなどの食料品や綿繊維製品などがあるので，このような商品を購入することが1つであろう．

　SDGs の目標は相互に関連しているので，興味を持ち，少しずつでも取り組んでいくことが，人口・食糧問題にもつながっていく．また，国連の各種援助機関や国際協力を行っている NGO で働く，イベントに参加する，募金に協力するなどもできる．

　家庭での食品の購入時に，買いすぎない，地産地消を心がける，畜産物を食べすぎないなども意識するとよい.

JICA シニアボランティアに参加して

　筆者は 2017 ～ 2019 年の 2 年間，独立行政法人国際協力機構（JICA）のシニアボランティア（現在はシニア海外協力隊に名称変更）としてソロモン諸島に野菜栽培の職種で派遣されました．ソロモン諸島は，オーストラリアの北東に位置する，6 つの大きな島と 1000 ほどの小島からなる熱帯の島国です．

　派遣先はガダルカナル島にある首都ホニアラの東部に位置するカスタムガーデンアソシエィション（KGA）という有機農業の普及を行っている NGO でした．そこで，主に有機農業技術の開発研究と農家への有機農業技術の普及の手伝いをしました．有機農業は，農薬や化学肥料を使わずに行う農法です．ソロモンではほとんどの人たちが自給農家で，現金収入は少なく，農業資材を販売する店へのアクセスも良くないので，緑肥や堆肥によって地力を高め，品種の選択や農業技術で病気や害虫を防ごうという有機農業技術を基本的には普及していました．

　私は，ピーマンの害虫をニーム（インドセンダン）の葉の抽出液を使って防ぐ技術の研究と病気にかかりにくいトマトの育種の研究をしました．また，KGA は各種の資金を得て，普及活動を行っていましたが，私もその補助的な活動をしました．1 つには国連食糧農業機関（FAO）のプロジェクトで，ソロモンでの食料安全保障のため農家の生産力向上と農産物の流通を改善することを目標として，トレーニング講座を開き，3 つの州に育苗拠点を作り，学校での栽培指導などを行いました．2 つ目は JICA の水産関係のプロジェクト（水産資源を保護するため沿岸の集落で自主的なルール作りを促すもの）に協力しました．ソロモンでは漁村でも農業を行っていますので，KGA が有機農業技術や新しい野菜品種の普及を行い，集落の人々の収入を増加させるという面での協力でした．3 つ目は欧州連合の援助機関 CTA のプロジェクトでした．ソロモンの主食であるイモ類などの在来品種の保存，普及を目的とするもので，3 つの州で拠点となる品種保存園を作りました．私はマライタ州での品種保存園のお披露目フェスティバルに参加して，KGA ブースでの宣伝の手伝いをしました．

　実際に開発途上国の農業に関わって，現地の人たちの知恵や工夫，生活を良くしていこうという熱心さを学びました．また，国際機関の援助が行われている現場を見ることができて参考になりました．

世界食料デーのイベント

第5章
地球規模の
環境問題

資　料

1．環境と開発に関するリオ宣言

［前文］

　環境と開発に関する国連会議は，1992 年 6 月 3 日から 14 日までリオ・デ・ジャネイロで開催され，ストックホルム宣言を再確認するとともにこれを発展させることを求め，各国，社会の重要部門及び国民間の新たな水準の協力を作り出すことによって新しい公平な地球的規模のパートナーシップを構築するという目標を持ち，全ての者のための利益を尊重し，かつ地球的規模の環境及び開発のシステムの一体性を保持する国際的合意に向けて作業し，我々の家庭である地球の不可分性，相互依存性を認識し，以下のとおり宣言する．

［第 1 原則］

　人類は，持続可能な開発への関心の中心にある．人類は，自然と調和しつつ健康で生産的な生活を送る資格を有する．

［第 2 原則］

　各国は，国連憲章及び国際法の原則に則り，自国の環境及び開発政策に従って，自国の資源を開発する主権的権利及びその管轄又は支配下における活動が他の国，又は自国の管轄権の限界を超えた地域の環境に損害を与えないようにする責任を有する．

［第 3 原則］

　開発の権利は，現在及び将来の世代の開発及び環境上の必要性を公平に充たすことができるよう行使されなければならない．

［第 4 原則］

　持続可能な開発を達成するため，環境保護は，開発過程の不可分の部分とならなければならず，それから分離しては考えられないものである．

［第 5 原則］

　すべての国及びすべての国民は，生活水準の格差を減少し，世界の大部分の人々の必要性をより良く充たすため，持続可能な開発に必要不可欠なものとして，貧困の撲滅という重要な課題において協力しなければならない．

［第 6 原則］

　開発途上国，特に最貧国及び環境の影響を最も受け易い国の特別な状況及び必要性に対して，特別の優先度が与えられなければならない．環境と開発における国際的行動は，全ての国の利益と必要性にも取り組むべきである．

［第 7 原則］

　各国は，地球の生態系の健全性及び完全性を，保全，保護及び修復するグローバル・パートナーシップの精神に則り，協力しなければならない．地球環境の悪化への異なった寄与という観点から，各国は共通のしかし差異のある責任を有する．先進諸国は，彼等の社会が地球環境へかけている圧力及び彼等の支配している技術及び財源の観点から，持続可能な開発の国際的な追及において有している義務を認識する．

［第 8 原則］

　各国は，すべての人々のために持続可能な開発及び質の高い生活を達成するために，持続可能でない生産及び消費の様式を減らし，取り除き，そして適切な人口政策を推進すべきである．

［第 9 原則］

　各国は，科学的，技術的な知見の交換を通じた科学的な理解を改善させ，そして，新しくかつ革新的なものを含む技術の開発，適用，普及及び移転を強化することにより，持続可能な開発のための各国内の対応能力の強化のために協力すべきである．

［第 10 原則］

　環境問題は，それぞれのレベルで，関心のある全ての市民が参加することにより最も適切に扱われる．国内レベルでは，各個人が，有害物質や地域社会における活動の情報を含め，公共機関が有している環境関連情報を適切に入手し，そして，意志決定過程に参加する機会を有しなくてはならない．各国は，情報を広く行き渡らせることにより，国民の啓発と参加を促進しかつ奨励しなくてはならない．賠償，救済を含む司法及び行政手続きへの効果的なアクセスが与えられなければならない．

［第 11 原則］

　各国は，効果的な環境法を制定しなくてはならない．環境基準，管理目的及び優先度は，適用される環境と開発の状況を反映するものとすべきである．一部の国が適用した基準は，他の国，特に発展途上国にとっては不適切であり，不当な経済的及び社会的な費用をもたらすかもしれない．

［第 12 原則］

　各国は，環境の悪化の問題により適切に対処するため，すべての国における経済成長と持続可能な開発をもたらすような協力的で開かれた国際経済システムを促進するため，協力すべきである．環境の目的のための貿易政策上の措置は，恣意的な，あるいは不当な差別又は国際貿易に対する偽装された規制手段とされるべきではない．輸入国の管轄外の環境問題に対処する一方的な行動は避けるべきである．国境を越える，あるいは地球規模の環境問題に対処する環境対策は，可能な限り，国際的な合意に基づくべきである．

［第 13 原則］

　各国は，汚染及びその他の環境悪化の被害者への責任及び賠償に関する国内法を策定しなくてはならない．更に，各国は，迅速かつより確固とした方法で，自国の管轄あるいは支配下における活動により，管轄外の地域に及ぼされた環境悪化の影響に対する責任及び賠償に関する国際法を，更に発展させるべく協力しなくてはならない．

［第 14 原則］

　各国は，深刻な環境悪化を引き起こす，あるいは人間の健康に有害であるとされているいかなる活動及び物質も，他の国への移動及び移転を控えるべく，あるいは防止すべく効果的に協力すべきである．

［第 15 原則］

　環境を保護するため，予防的方策は，各国により，その能力に応じて広く適用されなければならない．深刻な，あるいは不可逆的な被害のおそれがある場合には，完全な科学的確実性の欠如が，環境悪化を防止するための費用対効果の大きい対策を延期する理由として使われてはならない．

［第 16 原則］

　国の機関は，汚染者が原則として汚染による費用を負担するとの方策を考慮しつつ，また，公益に適切に配慮し，国際的な貿易及び投資を歪めることなく，環境費用の内部化と経済的手段の使用の促進に努めるべきである．

資 料

[第 17 原則]

　環境影響評価は，国の手段として環境に重大な悪影響を及ぼすかもしれず，かつ権限ある国家機関の決定に服す活動に対して実施されなければならない．

[第 18 原則]

　各国は，突発の有害な効果を他国にもたらすかも知れない自然災害，あるいはその他の緊急事態を，それらの国に直ちに報告しなければならない．被災した国を支援するため国際社会によるあらゆる努力がなされなければならない．

[第 19 原則]

　各国は，国境をこえる環境への重大な影響をもたらしうる活動について，潜在的に影響を被るかも知れない国に対し，事前の時宜にかなった通告と関連情報の提供を行わなければならず，また早期の段階で誠意を持ってこれらの国と協議を行わなければならない．

[第 20 原則]

　女性は，環境管理と開発において重要な役割を有する．そのため，彼女らの十分な参加は，持続可能な開発の達成のために必須である．

[第 21 原則]

　持続可能な開発を達成し，すべての者のためのより良い将来を確保するため，世界の若者の創造力，理想及び勇気が，地球的規模のパートナーシップを構築するよう結集されるべきである．

[第 22 原則]

　先住民とその社会及びその他の地域社会は，その知識及び伝統に鑑み，環境管理と開発において重要な役割を有する．各国は彼らの同一性，文化及び利益を認め，十分に支持し，持続可能な開発の達成への効果的参加を可能とさせるべきである．

[第 23 原則]

　抑圧，支配及び占領の下にある人々の環境及び天然資源は，保護されなければならない．

[第 24 原則]

　戦争は，元来，持続可能な開発を破壊する性格を有する．そのため，各国は，武力紛争時における環境保護に関する国際法を尊重し，必要に応じ，その一層の発展のため協力しなければならない．

[第 25 原則]

　平和，開発及び環境保全は，相互依存的であり，切り離すことはできない．

[第 26 原則]

　各国は，すべての環境に関する紛争を平和的に，かつ，国連憲章に従って適切な手段により解決しなければならない．

[第 27 原則]

　各国及び国民は，この宣言に表明された原則の実施及び持続可能な開発の分野における国際法の一層の発展のため，誠実に，かつ，パートナーシップの精神で協力しなければならない．

2. SDGs と ターゲット新訳

（「SDGs とターゲット新訳」制作委員会）

目標	ターゲット
1. あらゆる場所で，あらゆる形態の貧困を終わらせる **1 貧困をなくそう**	1.1 2030年までに，現在のところ1日1.25ドル未満で生活する人々と定められている，極度の貧困[*1]をあらゆる場所で終わらせる． 1.2 2030年までに，各国で定められたあらゆる面で貧困状態にある全年齢の男女・子どもの割合を少なくとも半減させる． 1.3 すべての人々に対し，最低限の生活水準の達成を含む適切な社会保護制度や対策を各国で実施し，2030年までに貧困層や弱い立場にある人々に対し十分な保護を達成する． 1.4 2030年までに，すべての男女，特に貧困層や弱い立場にある人々が，経済的資源に対する平等の権利がもてるようにするとともに，基礎的サービス，土地やその他の財産に対する所有権と管理権限，相続財産，天然資源，適正な新技術[*2]，マイクロファイナンスを含む金融サービスが利用できるようにする． 1.5 2030年までに，貧困層や状況の変化の影響を受けやすい人々のレジリエンス[*3]を高め，極端な気候現象やその他の経済，社会，環境的な打撃や災難に見舞われたり被害を受けたりする危険度を小さくする． 1.a あらゆる面での貧困を終わらせるための計画や政策の実施を目指して，開発途上国，特に後発開発途上国に対して適切で予測可能な手段を提供するため，開発協力の強化などを通じ，さまざまな供給源から相当量の資源を確実に動員する． 1.b 貧困をなくす取り組みへの投資拡大を支援するため，貧困層やジェンダーを十分勘案した開発戦略にもとづく適正な政策枠組みを，国，地域，国際レベルでつくりだす．
2. 飢餓を終わらせ，食料の安定確保と栄養状態の改善を実現し，持続可能な農業を促進する **2 飢餓をゼロに**	2.1 2030年までに，飢餓をなくし，すべての人々，特に貧困層や乳幼児を含む状況の変化の影響を受けやすい人々が，安全で栄養のある十分な食料を一年を通して得られるようにする． 2.2 2030年までに，あらゆる形態の栄養不良を解消し，成長期の女子，妊婦・授乳婦，高齢者の栄養ニーズに対処する．2025年までに5歳未満の子どもの発育阻害や消耗性疾患について国際的に合意した目標を達成する． 2.3 2030年までに，土地，その他の生産資源や投入財，知識，金融サービス，市場，高付加価値化や農業以外の就業の機会に確実・平等にアクセスできるようにすることなどにより，小規模食料生産者，特に女性や先住民，家族経営の農家・牧畜家・漁家の生産性と所得を倍増させる． 2.4 2030年までに，持続可能な食料生産システムを確立し，レジリエントな農業を実践する．そのような農業は，生産性の向上や生産量の増大，生態系の維持につながり，気候変動や異常気象，干ばつ，洪水やその他の災害への適応能力を向上させ，着実に土地と土壌の質を改善する． 2.5 2020年までに，国，地域，国際レベルで適正に管理・多様化された種子・植物バンクなどを通じて，種子，栽培植物，家畜やその近縁野生種の遺伝的多様性を維持し，国際的合意にもとづき，遺伝資源やそれに関連する伝統的な知識の利用と，利用から生じる利益の公正・公平な配分を促進する． 2.a 開発途上国，特に後発開発途上国の農業生産能力を高めるため，国際協力の強化などを通じて，農村インフラ，農業研究・普及サービス，技術開発，植物・家畜の遺伝子バンクへの投資を拡大する． 2.b ドーハ開発ラウンド[*4]の決議に従い，あらゆる形態の農産物輸出補助金と，同等の効果がある輸出措置を並行して撤廃することなどを通じて，世界の農産物市場における貿易制限やひずみを是正・防止する． 2.c 食料価格の極端な変動に歯止めをかけるため，食品市場やデリバティブ[*5]市場が適正に機能するように対策を取り，食料備蓄などの市場情報がタイムリーに入手できるようにする．

目標	ターゲット
3. あらゆる年齢のすべての人々の健康的な生活を確実にし，福祉を推進する 	3.1 2030年までに，世界の妊産婦の死亡率を出生10万人あたり70人未満にまで下げる． 3.2 2030年までに，すべての国々が，新生児の死亡率を出生1000人あたり12人以下に，5歳未満児の死亡率を出生1000人あたり25人以下に下げることを目指し，新生児と5歳未満児の防ぐことができる死亡をなくす． 3.3 2030年までに，エイズ，結核，マラリア，顧みられない熱帯病[6]といった感染症を根絶し，肝炎，水系感染症，その他の感染症に立ち向かう． 3.4 2030年までに，非感染性疾患による早期死亡率を予防や治療により3分の1減らし，心の健康と福祉を推進する． 3.5 麻薬・薬物乱用や有害なアルコール摂取の防止や治療を強化する． 3.6 2020年までに，世界の道路交通事故による死傷者の数を半分に減らす． 3.7 2030年までに，家族計画や情報・教育を含む性と生殖に関する保健サービスをすべての人々が確実に利用できるようにし，性と生殖に関する健康（リプロダクティブ・ヘルス）を国家戦略・計画に確実に組み入れる． 3.8 すべての人々が，経済的リスクに対する保護，質が高く不可欠な保健サービスや，安全・効果的で質が高く安価な必須医薬品やワクチンを利用できるようになることを含む，ユニバーサル・ヘルス・カバレッジ（UHC）[7]を達成する． 3.9 2030年までに，有害化学物質や大気・水質・土壌の汚染による死亡や疾病の数を大幅に減らす． 3.a すべての国々で適切に，たばこの規制に関する世界保健機関枠組条約の実施を強化する． 3.b おもに開発途上国に影響を及ぼす感染性や非感染性疾患のワクチンや医薬品の研究開発を支援する．また，「TRIPS協定（知的所有権の貿易関連の側面に関する協定）と公衆の健康に関するドーハ宣言」に従い，安価な必須医薬品やワクチンが利用できるようにする．同宣言は，公衆衛生を保護し，特にすべての人々が医薬品を利用できるようにするために「TRIPS協定」の柔軟性に関する規定を最大限に行使する開発途上国の権利を認めるものである． 3.c 開発途上国，特に後発開発途上国や小島嶼開発途上国で，保健財政や，保健人材の採用，能力開発，訓練，定着を大幅に拡大する． 3.d すべての国々，特に開発途上国で，国内および世界で発生する健康リスクの早期警告やリスク軽減・管理のための能力を強化する．
4. すべての人々に，だれもが受けられる公平で質の高い教育を提供し，生涯学習の機会を促進する 	4.1 2030年までに，すべての少女と少年が，適切で効果的な学習成果をもたらす，無償かつ公正で質の高い初等教育・中等教育を修了できるようにする． 4.2 2030年までに，すべての少女と少年が，初等教育を受ける準備が整うよう，乳幼児向けの質の高い発達支援やケア，就学前教育を受けられるようにする． 4.3 2030年までに，すべての女性と男性が，手頃な価格で質の高い技術教育や職業教育，そして大学を含む高等教育を平等に受けられるようにする． 4.4 2030年までに，就職や働きがいのある人間らしい仕事，起業に必要な，技術的・職業的スキルなどの技能をもつ若者と成人の数を大幅に増やす． 4.5 2030年までに，教育におけるジェンダー格差をなくし，障害者，先住民，状況の変化の影響を受けやすい子どもなど，社会的弱者があらゆるレベルの教育や職業訓練を平等に受けられるようにする． 4.6 2030年までに，すべての若者と大多数の成人が，男女ともに，読み書き能力と基本的な計算能力を身につけられるようにする． 4.7 2030年までに，すべての学習者が，とりわけ持続可能な開発のための教育と，持続可能なライフスタイル，人権，ジェンダー平等，平和と非暴力文化の推進，グローバル・シチズンシップンシップ（＝地球市民の精神），文化多様性の尊重，持続可能な開発に文化が貢献することの価値認識，などの教育を通して，持続可能な開発を促進するために必要な知識とスキルを確実に習得できるようにする． 4.a 子どもや障害のある人々，ジェンダーに配慮の行き届いた教育施設を建設・改良し，すべての人々にとって安全で，暴力がなく，だれもが利用できる，効果的な学習環境を提供する． 4.b 2020年までに，先進国やその他の開発途上国で，職業訓練，情報通信技術（ICT），技術・工学・科学プログラムなどを含む高等教育を受けるための，開発途上国，特に後発開発途上国や小島嶼開発途上国，アフリカ諸国を対象とした奨学金の件数を全世界で大幅に増やす． 4.c 2030年までに，開発途上国，特に後発開発途上国や小島嶼開発途上国における教員養成のための国際協力などを通じて，資格をもつ教員の数を大幅に増やす．

目標	ターゲット
5. ジェンダー平等を達成し，すべての女性・少女のエンパワーメントを行う 	5.1 あらゆる場所で，すべての女性・少女に対するあらゆる形態の差別をなくす. 5.2 人身売買や性的・その他の搾取を含め，公的・私的な場で，すべての女性・少女に対するあらゆる形態の暴力をなくす. 5.3 児童婚，早期結婚，強制結婚，女性性器切除など，あらゆる有害な慣行をなくす. 5.4 公共サービス，インフラ，社会保障政策の提供や，各国の状況に応じた世帯・家族内での責任分担を通じて，無報酬の育児・介護や家事労働を認識し評価する. 5.5 政治，経済，公共の場でのあらゆるレベルの意思決定において，完全で効果的な女性の参画と平等なリーダーシップの機会を確保する. 5.6 国際人口開発会議（ICPD）の行動計画と，北京行動綱領およびその検証会議の成果文書への合意にもとづき，性と生殖に関する健康と権利をだれもが手に入れられるようにする. 5.a 女性が経済的資源に対する平等の権利を得るとともに，土地・その他の財産，金融サービス，相続財産，天然資源を所有・管理できるよう，各国法にもとづき改革を行う. 5.b 女性のエンパワーメント[*8]を促進するため，実現技術，特に情報通信技術（ICT）の活用を強化する. 5.c ジェンダー平等の促進と，すべての女性・少女のあらゆるレベルにおけるエンパワーメントのため，適正な政策や拘束力のある法律を導入し強化する.
6. すべての人々が水と衛生施設を利用できるようにし，持続可能な水・衛生管理を確実にする 	6.1 2030年までに，すべての人々が等しく，安全で入手可能な価格の飲料水を利用できるようにする. 6.2 2030年までに，女性や少女，状況の変化の影響を受けやすい人々のニーズに特に注意を向けながら，すべての人々が適切・公平に下水施設・衛生施設を利用できるようにし，屋外での排泄をなくす. 6.3 2030年までに，汚染を減らし，投棄をなくし，有害な化学物質や危険物の放出を最小化し，未処理の排水の割合を半減させ，再生利用と安全な再利用を世界中で大幅に増やすことによって，水質を改善する. 6.4 2030年までに，水不足に対処し，水不足の影響を受ける人々の数を大幅に減らすために，あらゆるセクターで水の利用効率を大幅に改善し，淡水の持続可能な採取・供給を確実にする. 6.5 2030年までに，必要に応じて国境を越えた協力などを通じ，あらゆるレベルでの統合水資源管理を実施する. 6.6 2020年までに，山地，森林，湿地，河川，帯水層，湖沼を含めて，水系生態系の保護・回復を行う. 6.a 2030年までに，集水，海水の淡水化，効率的な水利用，排水処理，再生利用や再利用の技術を含め，水・衛生分野の活動や計画において，開発途上国に対する国際協力と能力構築の支援を拡大する. 6.b 水・衛生管理の向上に地域コミュニティが関わることを支援し強化する.
7. すべての人々が，手頃な価格で信頼性の高い持続可能で現代的なエネルギーを利用できるようにする （エネルギーをみんなにそしてクリーンに）	7.1 2030年までに，手頃な価格で信頼性の高い現代的なエネルギーサービスをすべての人々が利用できるようにする. 7.2 2030年までに，世界のエネルギーミックス[*9]における再生可能エネルギーの割合を大幅に増やす. 7.3 2030年までに，世界全体のエネルギー効率の改善率を倍増させる. 7.a 2030年までに，再生可能エネルギー，エネルギー効率，先進的でより環境負荷の低い化石燃料技術など，クリーンなエネルギーの研究や技術の利用を進めるための国際協力を強化し，エネルギー関連インフラとクリーンエネルギー技術への投資を促進する. 7.b 2030年までに，各支援プログラムに沿って，開発途上国，特に後発開発途上国や小島嶼開発途上国，内陸開発途上国において，すべての人々に現代的で持続可能なエネルギーサービスを提供するためのインフラを拡大し，技術を向上させる.

資　料

目標	ターゲット
8. すべての人々にとって，持続的でだれも排除しない持続可能な経済成長，完全かつ生産的な雇用，働きがいのある人間らしい仕事（ディーセント・ワーク）を促進する 	8.1 各国の状況に応じて，一人あたりの経済成長率を持続させ，特に後発開発途上国では少なくとも年率7％のGDP成長率を保つ． 8.2 高付加価値セクターや労働集約型セクターに重点を置くことなどにより，多様化や技術向上，イノベーションを通じて，より高いレベルの経済生産性を達成する． 8.3 生産的な活動，働きがいのある人間らしい職の創出，起業家精神，創造性やイノベーションを支援する開発重視型の政策を推進し，金融サービスの利用などを通じて中小零細企業の設立や成長を促す． 8.4 2030年までに，消費と生産における世界の資源効率を着実に改善し，先進国主導のもと，「持続可能な消費と生産に関する10カ年計画枠組み」に従って，経済成長が環境悪化につながらないようにする． 8.5 2030年までに，若者や障害者を含むすべての女性と男性にとって，完全かつ生産的な雇用と働きがいのある人間らしい仕事（ディーセント・ワーク）を実現し，同一労働同一賃金を達成する． 8.6 2020年までに，就労，就学，職業訓練のいずれも行っていない若者の割合を大幅に減らす． 8.7 強制労働を完全になくし，現代的奴隷制と人身売買を終わらせ，子ども兵士の募集・使用を含めた，最悪な形態の児童労働を確実に禁止・撤廃するための効果的な措置をただちに実施し，2025年までにあらゆる形態の児童労働をなくす． 8.8 移住労働者，特に女性の移住労働者や不安定な雇用状態にある人々を含め，すべての労働者を対象に，労働基本権を保護し安全・安心な労働環境を促進する． 8.9 2030年までに，雇用創出や各地の文化振興・産品販促につながる，持続可能な観光業を推進する政策を立案・実施する． 8.10 すべての人々が銀行取引，保険，金融サービスを利用できるようにするため，国内の金融機関の能力を強化する． 8.a 「後発開発途上国への貿易関連技術支援のための拡大統合フレームワーク（EIF）」などを通じて，開発途上国，特に後発開発途上国に対する「貿易のための援助（AfT）」を拡大する． 8.b 2020年までに，若者の雇用のために世界規模の戦略を展開・運用可能にし，国際労働機関（ILO）の「仕事に関する世界協定」を実施する．
9. レジリエントなインフラを構築し，だれもが参画できる持続可能な産業化を促進し，イノベーションを推進する	9.1 経済発展と人間の幸福をサポートするため，すべての人々が容易かつ公平に利用できることに重点を置きながら，地域内および国境を越えたインフラを含む，質が高く信頼性があり持続可能でレジリエントなインフラを開発する． 9.2 だれもが参画できる持続可能な産業化を促進し，2030年までに，各国の状況に応じて雇用やGDPに占める産業セクターの割合を大幅に増やす．後発開発途上国ではその割合を倍にする． 9.3 より多くの小規模製造業やその他の企業が，特に開発途上国で，利用しやすい融資などの金融サービスを受けることができ，バリューチェーン*10や市場に組み込まれるようにする． 9.4 2030年までに，インフラを改良し持続可能な産業につくり変える．そのために，すべての国々が自国の能力に応じた取り組みを行ないながら，資源利用効率の向上とクリーンで環境に配慮した技術・産業プロセスの導入を拡大する． 9.5 2030年までに，開発途上国をはじめとするすべての国々で科学研究を強化し，産業セクターの技術能力を向上させる．そのために，イノベーションを促進し，100万人あたりの研究開発従事者の数を大幅に増やし，官民による研究開発費を増加する． 9.a アフリカ諸国，後発開発途上国，内陸開発途上国，小島嶼開発途上国への金融・テクノロジー・技術の支援強化を通じて，開発途上国における持続可能でレジリエントなインフラ開発を促進する． 9.b 開発途上国の国内における技術開発，研究，イノベーションを，特に産業の多様化を促し商品の価値を高めるための政策環境を保障することなどによって支援する． 9.c 情報通信技術（ICT）へのアクセスを大幅に増やし，2020年までに，後発開発途上国でだれもが当たり前のようにインターネットを使えるようにする．

目標	ターゲット
10. 国内および各国間の不平等を減らす **10** 人や国の不平等をなくそう	10.1 2030年までに，各国の所得下位40%の人々の所得の伸び率を，国内平均を上回る数値で着実に達成し維持する． 10.2 2030年までに，年齢，性別，障害，人種，民族，出自，宗教，経済的地位やその他の状況にかかわらず，すべての人々に社会的・経済的・政治的に排除されず参画できる力を与え，その参画を推進する． 10.3 差別的な法律や政策，慣行を撤廃し，関連する適切な立法や政策，行動を推進することによって，機会均等を確実にし，結果の不平等を減らす． 10.4 財政，賃金，社会保障政策といった政策を重点的に導入し，さらなる平等を着実に達成する． 10.5 世界の金融市場と金融機関に対する規制とモニタリングを改善し，こうした規制の実施を強化する． 10.6 より効果的で信頼でき，説明責任のある正当な制度を実現するため，地球規模の経済および金融に関する国際機関での意思決定における開発途上国の参加や発言力を強める． 10.7 計画的でよく管理された移住政策の実施などにより，秩序のとれた，安全かつ正規の，責任ある移住や人の移動を促進する． 10.a 世界貿易機関（WTO）協定に従い，開発途上国，特に後発開発途上国に対して「特別かつ異なる待遇（S&D）」の原則を適用する． 10.b 各国の国家計画やプログラムに従って，ニーズが最も大きい国々，特に後発開発途上国，アフリカ諸国，小島嶼開発途上国，内陸開発途上国に対し，政府開発援助（ODA）や海外直接投資を含む資金の流入を促進する． 10.c 2030年までに，移民による送金のコストを3%未満に引き下げ，コストが5%を超える送金経路を完全になくす．
11. 都市や人間の居住地をだれも排除せず安全かつレジリエントで持続可能にする **11** 住み続けられるまちづくりを	11.1 2030年までに，すべての人々が，適切で安全・安価な住宅と基本的サービスを確実に利用できるようにし，スラムを改善する． 11.2 2030年までに，弱い立場にある人々，女性，子ども，障害者，高齢者のニーズに特に配慮しながら，とりわけ公共交通機関の拡大によって交通の安全性を改善して，すべての人々が，安全で，手頃な価格の，使いやすく持続可能な輸送システムを利用できるようにする． 11.3 2030年までに，すべての国々で，だれも排除しない持続可能な都市化を進め，参加型で差別のない持続可能な人間居住を計画・管理する能力を強化する． 11.4 世界の文化遺産・自然遺産を保護・保全する取り組みを強化する． 11.5 2030年までに，貧困層や弱い立場にある人々の保護に焦点を当てながら，水関連災害を含め，災害による死者や被災者の数を大きく減らし，世界のGDP比における直接的経済損失を大幅に縮小する． 11.6 2030年までに，大気環境や，自治体などによる廃棄物の管理に特に注意することで，都市の一人あたりの環境上の悪影響を小さくする． 11.7 2030年までに，すべての人々，特に女性，子ども，高齢者，障害者などが，安全でだれもが使いやすい緑地や公共スペースを利用できるようにする． 11.a 各国・各地域の開発計画を強化することにより，経済・社会・環境面における都市部，都市周辺部，農村部の間の良好なつながりをサポートする． 11.b 2020年までに，すべての人々を含むことを目指し，資源効率，気候変動の緩和と適応，災害に対するレジリエンスを目的とした総合的政策・計画を導入・実施する都市や集落の数を大幅に増やし，「仙台防災枠組2015-2030」に沿って，あらゆるレベルで総合的な災害リスク管理を策定し実施する． 11.c 財政・技術支援などを通じ，現地の資材を用いた持続可能でレジリエントな建物の建築について，後発開発途上国を支援する．

資　料

目標	ターゲット
12. 持続可能な消費・生産形態を確実にする **12** つくる責任 つかう責任 ∞	12.1 先進国主導のもと，開発途上国の開発状況や能力を考慮しつつ，すべての国々が行動を起こし，「持続可能な消費と生産に関する10年計画枠組み（10YFP）」を実施する． 12.2 2030年までに，天然資源の持続可能な管理と効率的な利用を実現する． 12.3 2030年までに，小売・消費者レベルにおける世界全体の一人あたり食品廃棄を半分にし，収穫後の損失を含めて生産・サプライチェーンにおける食品ロスを減らす． 12.4 2020年までに，合意された国際的な枠組みに従い，製品ライフサイクル全体を通して化学物質や廃棄物の環境に配慮した管理を実現し，人の健康や環境への悪影響を最小限に抑えるため，大気，水，土壌への化学物質や廃棄物の放出を大幅に減らす． 12.5 2030年までに，廃棄物の発生を，予防，削減（リデュース），再生利用（リサイクル）や再利用（リユース）により大幅に減らす． 12.6 企業，特に大企業や多国籍企業に対し，持続可能な取り組みを導入し，持続可能性に関する情報を定期報告に盛り込むよう促す． 12.7 国内の政策や優先事項に従って，持続可能な公共調達の取り組みを促進する． 12.8 2030年までに，人々があらゆる場所で，持続可能な開発や自然と調和したライフスタイルのために，適切な情報が得られ意識がもてるようにする． 12.a より持続可能な消費・生産形態に移行するため，開発途上国の科学的・技術的能力の強化を支援する． 12.b 雇用創出や地域の文化振興・産品販促につながる持続可能な観光業に対して，持続可能な開発がもたらす影響を測定する手法を開発・導入する． 12.c 税制を改正し，有害な補助金がある場合は環境への影響を考慮して段階的に廃止するなど，各国の状況に応じて市場のひずみをなくすことで，無駄な消費につながる化石燃料への非効率な補助金を合理化する．その際には，開発途上国の特別なニーズや状況を十分に考慮し，貧困層や影響を受けるコミュニティを保護する形で，開発における悪影響を最小限に留める．
13. 気候変動とその影響に立ち向かうため，緊急対策を実施する* **13** 気候変動に 具体的な対策を 👁	13.1 すべての国々で，気候関連の災害や自然災害に対するレジリエンスと適応力を強化する． 13.2 気候変動対策を，国の政策や戦略，計画に統合する． 13.3 気候変動の緩和策と適応策，影響の軽減，早期警戒に関する教育，啓発，人的能力，組織の対応能力を改善する． 13.a 重要な緩和行動と，その実施における透明性確保に関する開発途上国のニーズに対応するため，2020年までにあらゆる供給源から年間1,000億ドルを共同で調達するという目標への，国連気候変動枠組条約（UNFCCC）を締約した先進国によるコミットメントを実施し，可能な限り早く資本を投入して「緑の気候基金」の本格的な運用を開始する． 13.b 女性や若者，地域コミュニティや社会の主流から取り残されたコミュニティに焦点を当てることを含め，後発開発途上国や小島嶼開発途上国で，気候変動関連の効果的な計画策定・管理の能力を向上させるしくみを推進する． *国連気候変動枠組条約（UNFCCC）が，気候変動への世界的な対応について交渉を行う最優先の国際的政府間対話の場であると認識している．

目標	ターゲット
14. 持続可能な開発のために，海洋や海洋資源を保全し持続可能な形で利用する 	14.1 2025年までに，海洋堆積物や富栄養化を含め，特に陸上活動からの汚染による，あらゆる種類の海洋汚染を防ぎ大幅に減らす． 14.2 2020年までに，重大な悪影響を回避するため，レジリエンスを高めることなどによって海洋・沿岸の生態系を持続的な形で管理・保護する．また，健全で豊かな海洋を実現するため，生態系の回復に向けた取り組みを行う． 14.3 あらゆるレベルでの科学的協力を強化するなどして，海洋酸性化の影響を最小限に抑え，その影響に対処する． 14.4 2020年までに，漁獲を効果的に規制し，過剰漁業や違法・無報告・無規制 (IUU) 漁業，破壊的な漁業活動を終わらせ，科学的根拠にもとづいた管理計画を実施する．これにより，水産資源を，実現可能な最短期間で，少なくとも各資源の生物学的特性によって定められる最大持続生産量*11のレベルまで回復させる． 14.5 2020年までに，国内法や国際法に従い，最大限入手可能な科学情報にもとづいて，沿岸域・海域の少なくとも10%を保全する． 14.6 2020年までに，過剰漁獲能力や過剰漁獲につながる特定の漁業補助金を禁止し，違法・無報告・無規制 (IUU) 漁業につながる補助金を完全になくし，同様の新たな補助金を導入しない．その際，開発途上国や後発開発途上国に対する適切で効果的な「特別かつ異なる待遇 (S&D)」が，世界貿易機関 (WTO) 漁業補助金交渉の不可欠な要素であるべきだと認識する． 14.7 2030年までに，漁業や水産養殖，観光業の持続可能な管理などを通じて，海洋資源の持続的な利用による小島嶼開発途上国や後発開発途上国の経済的便益を増やす． 14.a 海洋の健全性を改善し，海の生物多様性が，開発途上国，特に小島嶼開発途上国や後発開発途上国の開発にもたらす貢献を高めるために，「海洋技術の移転に関するユネスコ政府間海洋学委員会の基準・ガイドライン」を考慮しつつ，科学的知識を高め，研究能力を向上させ，海洋技術を移転する． 14.b 小規模で伝統的漁法の漁業者が，海洋資源を利用し市場に参入できるようにする． 14.c「我々の求める未来」*12の第158パラグラフで想起されるように，海洋や海洋資源の保全と持続可能な利用のための法的枠組みを規定する「海洋法に関する国際連合条約 (UNCLOS)」に反映されている国際法を施行することにより，海洋や海洋資源の保全と持続可能な利用を強化する．
15. 陸の生態系を保護・回復するとともに持続可能な利用を推進し，持続可能な森林管理を行い，砂漠化を食い止め，土地劣化を阻止・回復し，生物多様性の損失を止める 	15.1 2020年までに，国際的合意にもとづく義務により，陸域・内陸淡水生態系とそのサービス*13，特に森林，湿地，山地，乾燥地の保全と回復，持続可能な利用を確実なものにする． 15.2 2020年までに，あらゆる種類の森林の持続可能な経営の実施を促進し，森林減少を止め，劣化した森林を回復させ，世界全体で新規植林と再植林を大幅に増やす． 15.3 2030年までに，砂漠化を食い止め，砂漠化や干ばつ，洪水の影響を受けた土地を含む劣化した土地と土壌を回復させ，土地劣化を引き起こさない世界の実現に尽力する． 15.4 2030年までに，持続可能な開発に不可欠な恩恵をもたらす能力を高めるため，生物多様性を含む山岳生態系の保全を確実に行う． 15.5 自然生息地の劣化を抑え，生物多様性の損失を止め，2020年までに絶滅危惧種を保護して絶滅を防ぐため，緊急かつ有効な対策を取る． 15.6 国際合意にもとづき，遺伝資源の利用から生じる利益の公正・公平な配分を促進し，遺伝資源を取得する適切な機会を得られるようにする． 15.7 保護の対象となっている動植物種の密猟や違法取引をなくすための緊急対策を実施し，違法な野生生物製品の需要と供給の両方に対処する． 15.8 2020年までに，外来種の侵入を防ぐとともに，これらの外来種が陸や海の生態系に及ぼす影響を大幅に減らすための対策を導入し，優占種*14を制御または一掃する． 15.9 2020年までに，生態系と生物多様性の価値を，国や地域の計画策定，開発プロセス，貧困削減のための戦略や会計に組み込む． 15.a 生物多様性および生態系の保全と持続的な利用のために，あらゆる資金源から資金を調達し大幅に増やす． 15.b 持続可能な森林管理に資金を提供するために，あらゆる供給源からあらゆるレベルで相当量の資金を調達し，保全や再植林を含む森林管理を推進するのに十分なインセンティブを開発途上国に与える． 15.c 地域コミュニティが持続的な生計機会を追求する能力を高めることなどにより，保護種の密猟や違法な取引を食い止める取り組みへの世界規模の支援を強化する．

目標	ターゲット
16. 持続可能な開発のための平和でだれをも受け入れる社会を促進し，すべての人々が司法を利用できるようにし，あらゆるレベルにおいて効果的で説明責任がありだれも排除しないしくみを構築する **16 平和と公正をすべての人に**	16.1 すべての場所で，あらゆる形態の暴力と暴力関連の死亡率を大幅に減らす． 16.2 子どもに対する虐待，搾取，人身売買，あらゆる形態の暴力，そして子どもの拷問をなくす． 16.3 国および国際的なレベルでの法の支配を促進し，すべての人々が平等に司法を利用できるようにする． 16.4 2030年までに，違法な資金の流れや武器の流通を大幅に減らし，奪われた財産の回収や返還を強化し，あらゆる形態の組織犯罪を根絶する． 16.5 あらゆる形態の汚職や贈賄を大幅に減らす． 16.6 あらゆるレベルにおいて，効果的で説明責任があり透明性の高いしくみを構築する． 16.7 あらゆるレベルにおいて，対応が迅速で，だれも排除しない，参加型・代議制の意思決定を保障する． 16.8 グローバル・ガバナンスのしくみへの開発途上国の参加を拡大・強化する． 16.9 2030年までに，出生登録を含む法的な身分証明をすべての人々に提供する． 16.10 国内法規や国際協定に従い，だれもが情報を利用できるようにし，基本的自由を保護する． 16.a 暴力を防ぎ，テロリズムや犯罪に立ち向かうために，特に開発途上国で，あらゆるレベルでの能力向上のため，国際協力などを通じて関連する国家機関を強化する． 16.b 持続可能な開発のための差別的でない法律や政策を推進し施行する．

* 1　極度の貧困の定義は，2015年10月に1日1.90ドル未満に修正されている．

* 2　適正技術：技術が適用される国・地域の経済的・社会的・文化的な環境や条件，ニーズに合致した技術のこと．

* 3　レジリエンス：回復力，立ち直る力，復元力，耐性，しなやかな強さなどを意味する．「レジリエント」は形容詞．

* 4　ドーハ開発ラウンド 2001年11月のドーハ閣僚会議で開始が決定された，世界貿易機関（WTO発足後初となるラウンドのこと．閣僚会議の開催場所（カタールの首都ドーハ）にちなんで「ドーハ・ラウンド」と呼ばれるが，正式には「ドーハ開発アジェンダ」と言う．

* 5　デリバティブ：株式，債券，為替などの元になる金融商品（原資産）から派生して誕生した金融商品のこと．

* 6　顧みられない熱帯病：おもに熱帯地域で蔓延する寄生虫や細菌感染症のこと．

* 7　ユニバーサル・ヘルス・カバレッジ(UHC)：すべての人々が，基礎的な保健サービスを必要なときに負担可能な費用で受けられること．

* 8　エンパワーメント：一人ひとりが，自らの意思で決定をし，状況を変革していく力を身につけること．

* 9　エネルギーミックス：エネルギー（おもに電力）を生み出す際の，発生源となる石油，石炭，原子力，天然ガス，水力，地熱，太陽熱など一次エネルギーの組み合わせ，配分，構成比のこと．

* 10　バリューチェーン：企業活動における業務の流れを，調達，製造，販売，保守などと機能単位に分割してとらえ，各機能単位が生み出す価値を分析して最大化することを目指す考え方．

* 11　最大持続生産量：生物資源を減らすことなく得られる最大限の収獲のこと．おもにクジラを含む水産資源を対象に発展してきた資源管理概念．最大維持可能漁獲量とも言う．

* 12　「我々の求める未来」2012年6月にブラジルのリオデジャネイロで開催された「国連持続可能な開発会議」（リオ＋20）で採択された成果文書．「TheFutureWeWant」．

* 13　生態系サービス：生物・生態系に由来し，人間にとって利益となる機能のこと．

* 14　優占種：生物群集で，量が特に多くて影響力が大きく，その群集の特徴を決定づけ代表する種．

* 15　GNI：GrossNationalIncome の頭文字を取ったもので，居住者が1年間に国内外から受け取った所得の合計のこと．国民総所得．

出典）蟹江憲史　SDGs（持続可能な開発目標）

目標	ターゲット
17. 実施手段を強化し，「持続可能な開発のためのグローバル・パートナーシップ」を活性化する 	**資金** **17.1** 税金・その他の歳入を徴収する国内の能力を向上させるため，開発途上国への国際支援などを通じて，国内の資金調達を強化する． **17.2** 開発途上国に対する政府開発援助（ODA）をGNI*15比0.7%，後発開発途上国に対するODAをGNI比0.15～0.20%にするという目標を達成するとした多くの先進国による公約を含め，先進国はODAに関する公約を完全に実施する．ODA供与国は，少なくともGNI比0.20%のODAを後発開発途上国に供与するという目標の設定を検討するよう奨励される． **17.3** 開発途上国のための追加的な資金を複数の財源から調達する． **17.4** 必要に応じて，負債による資金調達，債務救済，債務再編などの促進を目的とした協調的な政策を通じ，開発途上国の長期的な債務の持続可能性の実現を支援し，債務リスクを軽減するために重債務貧困国（HIPC）の対外債務に対処する． **17.5** 後発開発途上国のための投資促進枠組みを導入・実施する． **技術** **17.6** 科学技術イノベーション（STI）に関する南北協力や南南協力，地域的・国際的な三角協力，および科学技術イノベーションへのアクセスを強化する．国連レベルをはじめとする既存のメカニズム間の調整を改善することや，全世界的な技術促進メカニズムなどを通じて，相互に合意した条件で知識の共有を進める． **17.7** 譲許的・特恵的条件を含め，相互に合意した有利な条件のもとで，開発途上国に対し，環境に配慮した技術の開発，移転，普及，拡散を促進する． **17.8** 2017年までに，後発開発途上国のための技術バンクや科学技術イノベーション能力構築メカニズムの本格的な運用を開始し，実現技術，特に情報通信技術（ICT）の活用を強化する． **能力構築** **17.9** 「持続可能な開発目標（SDGs）」をすべて実施するための国家計画を支援するために，南北協力，南南協力，三角協力などを通じて，開発途上国における効果的で対象を絞った能力構築の実施に対する国際的な支援を強化する． **貿易** **17.10** ドーハ・ラウンド（ドーハ開発アジェンダ＝DDA）の交渉結果などを通じ，世界貿易機関（WTO）のもと，普遍的でルールにもとづいた，オープンで差別的でない，公平な多角的貿易体制を推進する． **17.11** 2020年までに世界の輸出に占める後発開発途上国のシェアを倍にすることを特に視野に入れて，開発途上国の輸出を大幅に増やす． **17.12** 世界貿易機関（WTO）の決定に矛盾しない形で，後発開発途上国からの輸入に対する特恵的な原産地規則が，透明・簡略的で，市場アクセスの円滑化に寄与するものであると保障することなどにより，すべての後発開発途上国に対し，永続的な無税・無枠の市場アクセスをタイムリーに導入する． **システム上の課題** **政策・制度的整合性** **17.13** 政策協調や首尾一貫した政策などを通じて，世界的なマクロ経済の安定性を高める． **17.14** 持続可能な開発のための政策の一貫性を強める． **17.15** 貧困解消と持続可能な開発のための政策を確立・実施するために，各国が政策を決定する余地と各国のリーダーシップを尊重する． **マルチステークホルダー・パートナーシップ** **17.16** すべての国々，特に開発途上国において「持続可能な開発目標（SDGs）」の達成を支援するために，知識，専門的知見，技術，資金源を動員・共有するマルチステークホルダー・パートナーシップによって補完される，「持続可能な開発のためのグローバル・パートナーシップ」を強化する． **17.17** さまざまなパートナーシップの経験や資源戦略にもとづき，効果的な公的，官民，市民社会のパートナーシップを奨励し，推進する． **データ，モニタリング，説明責任** **17.18** 2020年までに，所得，ジェンダー，年齢，人種，民族，在留資格，障害，地理的位置，各国事情に関連するその他の特性によって細分類された，質が高くタイムリーで信頼性のあるデータを大幅に入手しやすくするために，後発開発途上国や小島嶼開発途上国を含む開発途上国に対する能力構築の支援を強化する． **17.19** 2030年までに，持続可能な開発の進捗状況を測る，GDPを補完する尺度の開発に向けた既存の取り組みをさらに強化し，開発途上国における統計に関する能力構築を支援する．

3．単位について

（1）濃度の単位

① パーセント（%）	100分の1を示す． 質量（重量）パーセント濃度（%(w/w)）は，溶液100g中に含まれる溶質の重量（g）を示す． 体積（容量）パーセント濃度は（%(v/v)）は，溶液100mL中に含まれる溶質の体積（mL）を示す．また，質量体積パーセント（%(w/v)）で表されることもあり，これは溶液100mL中に含まれる溶質の重量（g）を示す． 空気中のガス濃度を表す場合は，「対象ガスの体積/空気の体積」を示す場合が多い．
② ppm （parts per million）	100万分の1（10^{-6}）を示す．この場合も同様に質量と体積を使用する場合分けがある．質量の場合はmg/kgである．
③ ppb （parts per billion）	10億分の1（10^{-9}）を示す．上と同様．質量の場合はµg/kg である．
④ ppt （parts per trillion）	1兆分の1（10^{-12}）を示す．上と同様．質量の場合はng/kg である．

（2）単位の接頭語

大きさ	接頭語	記号	大きさ	接頭語	記号
10^{-1}	デシ	d	10^{1}	デカ	da
10^{-2}	センチ	c	10^{2}	ヘクト	h
10^{-3}	ミリ	m	10^{3}	キロ	k
10^{-6}	マイクロ	µ	10^{6}	メガ	M
10^{-9}	ナノ	n	10^{9}	ギガ	G
10^{-12}	ピコ	p	10^{12}	テラ	T

参考文献・参考ホームページ

【参考文献】

1）荒井秋晴・白石哲・澄川精吾・船越公威・鶴﨑健一「新版ヒトと自然第2版」東京教学社, 2011

2）悪臭法令研究会編集「ハンドブック悪臭防止法」におい・かおり環境協会, 2012

3）石弘之「地球環境報告」岩波新書, 1988

4）石原勝敏・庄野邦彦「新版生物Ⅱ新訂版」実教出版, 2012

5）磯辺篤彦「海洋プラスチックごみ問題の真実―マイクロプラスチックの実態と未来予測」化学同人, 2020

6）一般社団法人近畿化学協会化学教育研究会「環境倫理入門」化学同人, 2012

7）大来佐武郎監修「講座地球環境第1巻地球規模の環境問題（Ⅰ）」中央法規出版, 1990

8）織田銑一・島田尚幸「やりなおし高校の生物」ナツメ社, 2005

9）掛本道子「地球環境にやさしいものとはなにか地球環境問題とリサイクル」東京教学社, 1995

10）「環境白書」環境省

11）公害等調整委員会事務局編集「解説公害紛争処理法」ぎょうせい, 2002

12）「子ども環境白書」環境省

13）新星出版社編集部「徹底図解地球のしくみ」新星出版社, 2013

14）水質法令研究会編集「逐条解説水質汚濁防止法」中央法規出版, 1996

15）竹内和彦「里山の環境学」東京大学出版 2001

16）鈴木宣弘（監修）・及川忠（著）「図解入門ビジネス最新食料問題の基本とカラクリがよ～くわかる本」秀和システム, 2009

17）武田育郎「よくわかる水環境と水質」オーム社, 2010

18）武田育郎「水と水質環境の基礎知識」オーム社, 2001

19）館正知・岡田晃編「新衛生公衆衛生学」南山堂, 1986

20）田中平三編「栄養・健康科学シリーズ公衆衛生学改訂第3版」南江堂, 2000

21）田中めぐみ「米国における環境配慮型ファッションの動向」廃棄物資源循環学会誌, Vol. 21, No. 3, pp. 169-176, 2010

22）田端英雄「里山の自然」保育社, 1997

23）東京商工会議所「改訂3版環境社会検定試験Ⓡeco 検定公式テキスト」日本能率協会マネジメントセンター, 2012

24）中沢高清他「岩波講座地球環境学・大気環境の変化」岩波書店, 1999

25）二宮洸三「気象と地球の環境科学」オーム社, 2012

26）日本環境学会編集委員会「環境科学への扉」有斐閣, 1984

27）日本建築学会「地球環境建築のすすめ」第2版彰国社, 2009

28）日本建築学会「地球環境デザインと継承」第2版彰国社, 2010

29）日本建築学会「資源・エネルギーと建築」彰国社, 2004

30）日本水環境学会編集「日本の水環境行政」ぎょうせい, 2009

31）藤城敏幸「生活と環境」東京教学社, 1999

32）ポール・ホーケン「ドローダウン―地球温暖化を逆転させる100の方法」江守正多・東出顕子訳　山と渓谷社, 2021

33）星寛治・高松修「米いのちと環境と日本の農を考える」学陽書房, 1994

34）丸山茂徳・磯崎行雄「生命と地球の歴史」岩波書店, 1998

35）水俣フォーラム「水俣展総合パンフレット」, 1999

36）南博・稲葉雅紀「SDGs―危機の時代の羅針盤」岩波書店, 2020

37）村頭秀人「騒音・低周波音・振動の紛争解決ガイドブック」草文社, 2011

38）安田喜憲「森林の荒廃と文明の盛衰」新思索社, 1995

39）山田伸志「トコトンやさしい振動・騒音の本」日刊工業新聞社, 2007

40）レイチェル・カーソン「センス・オブ・ワンダー」上遠恵子 訳　新潮社, 1996

41）鷲谷いづみ・矢原徹一「保全生態学入門―遺伝子から景観まで」文一総合出版, 1996

【参考ホームページ】

1) 2011 国際森林年 （http://www.mori-zukuri.jp/iyf2011/）
2) e-Gov 法令検索 （http://www.e-gov.go.jp/index.html）
3) EIC ネット （https://www.eic.or.jp/）
4) EU MAG （https://eumag.jp/）
5) Fairtrade Label Japan （http://www.fairtrade-jp.org/）
6) IPCC （https://www.ipcc.ch/）
7) Minamata Convention on Mercury （https://www.mercuryconvention.org/）
8) NHK （https://www.nhk.or.jp/）
9) SDGs ACTION 朝日新聞デジタル （https://www.asahi.com/sdgs/）
10) SDGs ジャーナル （https://sdgs-support.or.jp/journal/）
11) WDCGG （https://gaw.kishou.go.jp/jp）
12) WWF ジャパン （https://www.wwf.or.jp/）
13) 一般財団法人日本環境衛生センターアジア大気汚染研究センター （http://www.acap.asia/acapjp/）
14) 宇宙航空研究開発機構 （JAXA） （http://iss.jaxa.jp/）
15) 外務省 （http://www.mofa.go.jp/mofaj/）
16) 環境省 （http://www.env.go.jp/）
17) 気象庁 （http://www.jma.go.jp/jma/index.html）
18) グリーン購入ネットワーク （http://www.gpn.jp/）
19) グリーン連合 （https://greenrengo.jp/）
20) 経済産業省 （https://www.meti.go.jp/）
21) 公益財団法人日本環境協会エコマーク事務局 （http://www.ecomark.jp/）
22) 公益社団法人日本下水道協会 （http://www.jswa.jp/）
23) 公益社団法人日本水道協会 （http://www.jwwa.or.jp/）
24) 公益社団法人日本ユネスコ協会連盟 （http://www.unesco.or.jp/）
25) 国際環境 NGO グリーンピース （http://www.greenpeace.org/japan/ja/）
26) 国際連合広報センター （https://www.unic.or.jp/）
27) 国土交通省 （http://www.mlit.go.jp/2013）
28) 国土地理院 （http://www.gsi.go.jp/）
29) 国連 WFP （http://ja.wfp.org/）
30) 国連人口基金駐日事務所 （https://tokyo.unfpa.org/）
31) 国連生物多様性の 10 年日本委員会 （https://undb.jp/）
32) ジャパンサステナブルファッションアライアンス （JSFA） （https://jsfa.info/）
33) 全国地球温暖化防止活動推進センター （http://www.jccca.org/）
34) 東京都水道局 （https://www.waterworks.metro.tokyo.lg.jp）
35) 独立行政法人環境再生保全機構 （http://www.erca.go.jp/）
36) 独立行政法人国際協力機構 （https://www.jica.go.jp/）
37) 独立行政法人国立環境研究所地球環境研究センター （http://www.cger.nies.go.jp/ja/index.html）
38) 内閣府大臣官房政府広報室政府広報オンライン （http://www.gov-online.go.jp/）
39) なんとかしなきゃ！プロジェクト （http://nantokashinakya.jp/）
40) 農林水産省 （https://www.maff.go.jp/）
41) 東アジア酸性雨モニタリングネットワーク （EANET） （http://www.eanet.asia/jpn/）
42) 福井県 （http://www.pref.fukui.jp/）
43) 文化庁 （https://www.bunka.go.jp/）
44) 林野庁 （https://www.rinya.maff.go.jp/）

索引

イラスト 私たちと環境 —— 第 2 版 ——

ISBN 978-4-8082-5017-1

2015 年 4 月 1 日 初版発行
2023 年 4 月 1 日 2 版発行

著者代表 ⓒ 太 田 和 子

発 行 者 鳥 飼 正 樹

印 刷
製 本 　港北メディアサービス株式会社

発 行 所 株式会社 東京教学社

郵 便 番 号 112-0002
住 所 東京都文京区小石川 3-10-5
電 話 03（3868）2405
F A X 03（3868）0673
http://www.tokyokyogakusha.com